電子商務實務
範例書

電子商務基礎入門教材—適用多元選修及彈性課程

作者序

台灣在 2015 年立法開放網路業者從事第三方支付業務，台灣電子商務產業發展才正式進入爆發期，不到 10 年的時間，連巷口的阿婆早餐也加入 QR Code 掃碼付款的行列。

自 Amazon 開創網路商店以來，電子商務不斷產生質變，藉由無線網路與行動裝置的普及，電子商務升級為行動商務，拜 AI 人工智慧技術趨於成熟，電子商務再度蛻變為生活商務，而今日熱門的「生成式 AI」勢必帶來下一波變革的浪潮。

今日電子商務的發展重點已逐漸由「網路」、「科技」，延伸至創新「商務模式」，藉由新科技達到更完美的「客戶滿意」，而這一切來自於 Big Data 大數據 + AI 人工智慧，落實這一切的技術根基便是 IOT 物聯網，這些都是本書取材重點。

本書內容屏除傳統條列式內容（三大原理、五大原則），採取個案教學模式，每一頁都是獨立子題，但前後連貫成為一個主題，以增加課程的趣味性與學生的參與感，個案內容全部由全球知名企業經營案例改編。

為了讓學生能將書中所有「子題」融會貫通為「主題」，本書單元 01 就是以 Amazon 發家史進行導讀，到了課程結束前以單元 12（創新企業），針對：Apple、Tesla、Nvidia、Costco 等企業進行專案研討，這些題目更適合作為學生專題。

林文恭

2025/4 月

- 本書教學投影片下載：https://gogo123.com.tw/?page_id=12882
- 歡迎高中、科大教師邀約（無須鐘點費）：
    1. 專題講座　2. 教學分享　　聯繫資訊：0938013200（手機、Line）

目錄

- Chapter 1　Amazon 1
- Chapter 2　科技改變生活 21
- Chapter 3　電商崛起 37
- Chapter 4　倉儲與物流 53
- Chapter 5　電子支付 77
- Chapter 6　虛實整合 91
- Chapter 7　社群經營 109
- Chapter 8　物聯網應用 129
- Chapter 9　通路轉移 151
- Chapter 10　分享經濟 161
- Chapter 11　大數據、人工智慧 175
- Chapter 12　創新企業 199
- Chapter 13　客戶關係管理 217
- Appendix A　習題解答 231

GOGO123數位教學網站
知識分享數位資訊學會

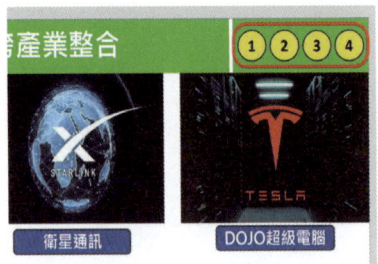

投影片右上角
黃色數字圓球
都設定影片超連結

line帳號：0938013200

CHAPTER

1

Amazon

Amazon（中譯：亞馬遜）創始於 1994 年，是全球電子商務的始祖，截至目前為止（2025）也是全球規模最大的電商公司，創始人為 Jeff Bezos（簡稱：貝佐斯）。

公司創立的宗旨非常簡單：Everything Store（販賣所有商品），在實體商店中這個使命是不可能達成的，因為再大的賣場都有空間、管理、成本的限制，而 Amazon 是一家開設在網路上的公司，利用網路的無限空間陳列所有的商品，但事後證明，純網路商場在實際運作下是不切實際的，後續我們就會一一介紹網路商場的基礎核心作業：倉儲、物流。

在網路上販賣商品是一個人人都可複製「想法」，Amazon 如何能夠又如何能在激烈的競爭中保持領先呢？這也是本書的核心觀念：創新，不斷的創新讓競爭者永遠看不到 Amazon 的車尾燈，而每一個創新都聚焦於「客戶滿意」，這些創新就成為 Amazon 帝國強大護城河。

為何公司取名 Amazon，因為在傳統的搜尋名單中，"A" 是排在前面的，Amazon 更是多數人熟悉的地理名詞，Amazon 就是「好名好姓」的典範，更是企業踏出成功的第一步。

📖 貝佐斯的不凡

Amazon 創始人 Jeff Bezos（暱稱：姊夫）從小就是個資優生，請特別注意！歐美人士的「資優」與亞洲人不同，是「博覽群書」而非「考試機器」，在職場上的發展也是一路順遂，26 歲就在華爾街大型金融公司當上副總，但他卻毅然跳出舒適圈，投入未知的創業道路，選擇的產業更是當下所有人都不認識的「網路商店」，這就是成功創業者第一項超能力：遠見。

放棄既有基礎，重新建構一個完全未知的產業，除了強大的心理素質外，更必須說服所有投資人，他的籌資管道也很單純，就是 200 場的籌資說明會，一一對親朋好友說明自己的：投資規劃、產業前景、獲利預期，就這樣，一家新創公司在車庫中成立了，這就是成功創業者第二項超能力：說服力。

有一句俚語：「理想很性感，現實很骨感」，很貼切地描述了創業道路的辛酸，作一個網頁就可以讓全天下人看到⋯，這就是「性感」，Amazon 第一張訂單是自己發出的，包裹寄送花費了 2 個星期，收到的商品（一本書）外觀破損，這就是「骨感」，因此 Amazon 日後建立全球最大的倉儲、物流，不再是網路上買空賣空的零售業，這就是成功創業者第三項超能力：執行力。

Amazon 目前最大獲利來自於雲端服務 AWS，這也是 Amazon 最強大的護城河，更是創業者第四項超能力：創新。

📖 成功的第一步

Why Book？

Amazon 網站上的第一件商品是「書」，為何不是其他東西呢？

當時的人們根不知道什麼是「網路購物」，方便嗎？品質好嗎？可以退貨嗎？會不會被騙呢？…，因為從來沒有經歷過，因此產生一大堆問號，甚至於多數人是沒有管道可以上網的！在這樣的時代要在網路上賣東西，絕對不是理想與狂熱可以成功的。

「書」有以下的特質：

- 同一出版商發行的書籍，在所有的通路中品質都是一致的。
- 價格不高，即使被騙損失不大。
- 書店並不普遍，人們買書常常得花數個小時到市區。
- 書的購買者平均知識程度較高，對於創新事物接受度較高。

消費者對於「網路購物」：不認識 → 不了解 → 沒信心，但藉由上面所列式的特質，「書」成為 Amazon 網路購物的第一個商品，Amazon 也成為網路書城的成功典範。

📖 不斷創新

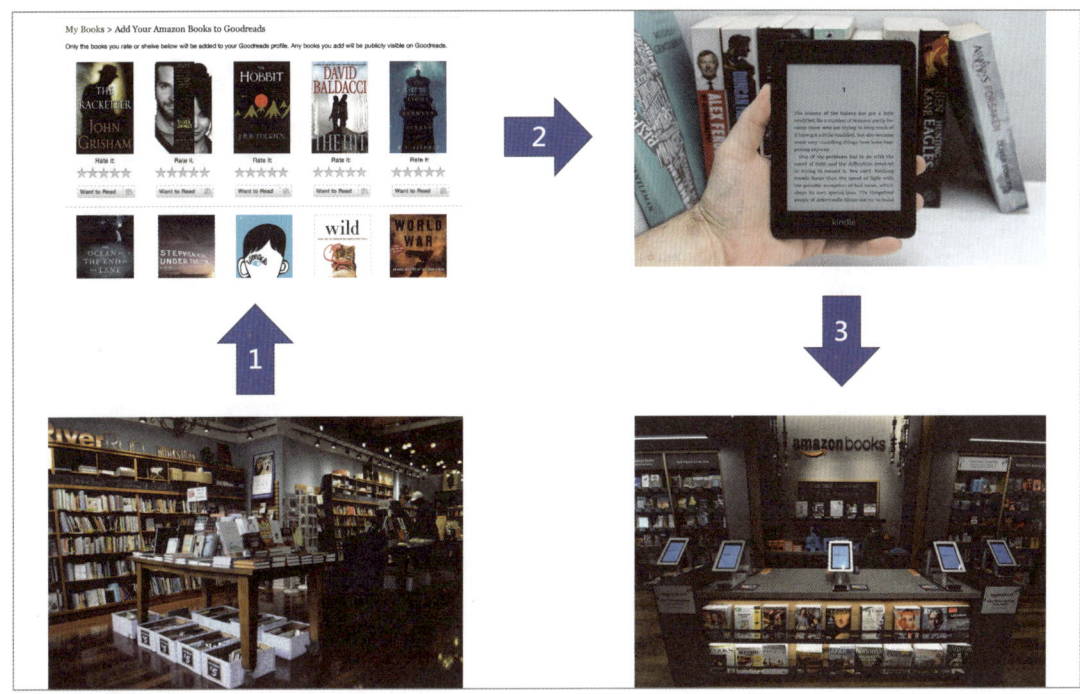

Amazon 成功的開啟了網路書店的商業模式後,開始思考:「在網路上賣"書"合理嗎?」,疑點如下:

- 網路購書的成功代表:網路的環境便利了,消費者習慣上網了。
- 書的內容就是資訊,以網路來傳遞資訊是最有效率的。
- 將資訊印刷在紙上 → 將紙裝訂成書 → 將書儲存於倉儲 → 將倉儲的書寄給消費者。

上面的作業流程合理嗎?

在當時所有的大型出版商都認為書籍一旦數位化,就容易被複製,銷售量必然大減,因此都不贊成書籍數位化,況且當時的網路環境對於書籍內容的龐大資料量傳輸是無法負荷的,這時便體現了鴻海創始人郭董的名言:「失敗的人找藉口,成功的人找方法!」。

「姊夫」找來了網路書店書店營運長,讓他成立「電子書」部門,唯一的任務就是打敗「實體書」,又找來資訊部門主管,任務就是「不計代價」開發出電子書相關技術,事後證明經過數代的產品更新後,網路環境基礎設施逐日健全的情況下,電子書逐漸成為消費者的新選擇,Amazon 也成功跨過出版商,成為電子書發行的最大贏家。

複製成功模式

當「網路賣書」的模式成功後,還有哪些商品適合在網路上販賣呢?

電子產品、家用清潔用品、化妝品、寵物食(用)品、工具、⋯,以上這些商品都跟書籍有相同的特質:不因通路的差異而影響品質。

當「網路賣書」的模式成功後,Amazon 本身就是一個品牌,就是一種信任,有了信任就什麼東西都能賣,這時 Amazon 才真正進入商業營運模式。

製作網頁陳列商品很容易,消費者在網路上下單很方便,但在物流體系不發達的時代,商品配送的效率、費用才是真正影響消費者網路購物的絕對因素,消費者在 Amazon 網站上為親人購買的感恩節禮物,因為物流作業瓶頸,延遲到 Happy New Year 才送達,退貨、賠款嚴重的一塌糊塗,因此 Amazon 開始建構大型倉儲中心、建立物流網絡,這是資本密集、經驗密集的投資,也逐步築起 Amazon 電商帝國第一層護城河。

改變購物習慣

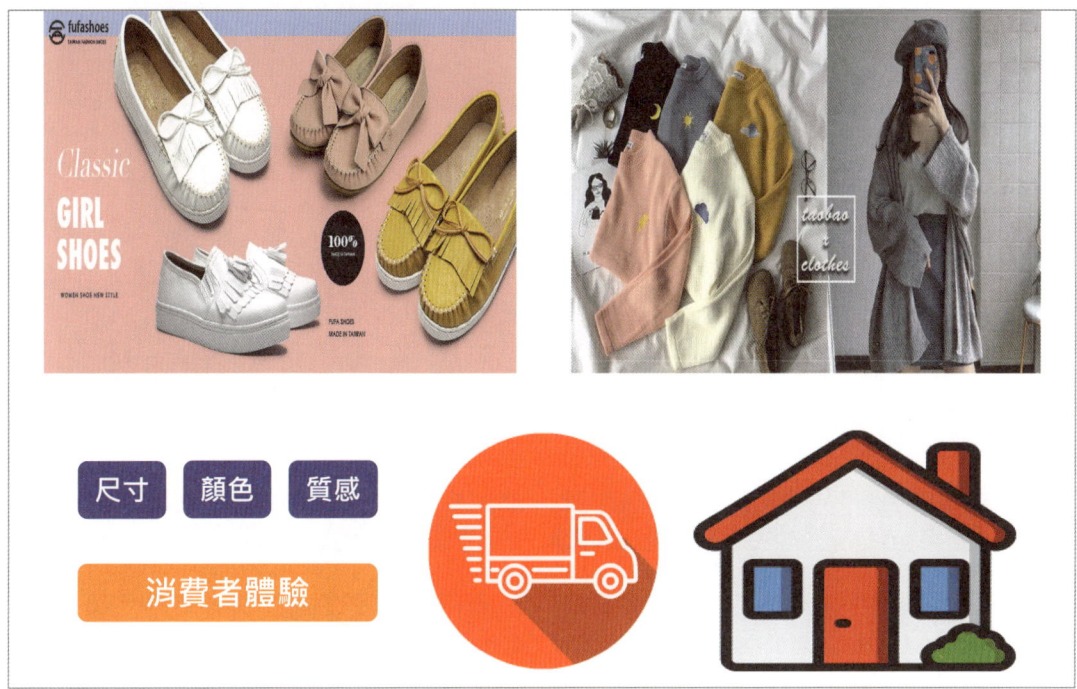

需要體驗的商品,例如:衣服、鞋子,適合在網路上購買嗎?試穿後不喜歡、不合身、……,可以退、換貨嗎?運費誰負擔?

- 一件商品的運費 NT 200,只有高單價的商品可以負擔此運費。
- 一件商品的運費 NT 50,中價位商品可以負擔此運費。
- 一件商品的運費 NT 10,所有商品都可以負擔此運費。

羊毛出在羊身上,運費最後當然是由消費者支付,關鍵是「經濟規模」,一條街只有一個訂戶,一個地址只送一件商品,跟一條街友 10 個訂戶,一個地址送 50 件商品的單位運費差異太大了,唯有大量的訂單可以有效降低單位物流成本,「免運費、無條件退換貨」成為唯一的解方,如此一來消費者下單前不需要考慮,買 5 件退 3 件成為常態,「家」取代「店面」成為消費體驗場所,更免除了售貨員的強迫推銷。

物流配送的同時也回收了退換貨,因此退換貨的費用極低,這就產生了良性循環,Amazon 的 VIP 會員制更進一步擴大了消費者的下單數量與頻率,建立消費者的品牌忠誠度就是 Amazon 建立的第二層護城河。

重新定義經營績效

營業額 ←→ EPS

獲　利 ←→ 客戶滿意

供應商關係 ←→ 客戶關係

短期績效 ←→ 長期發展

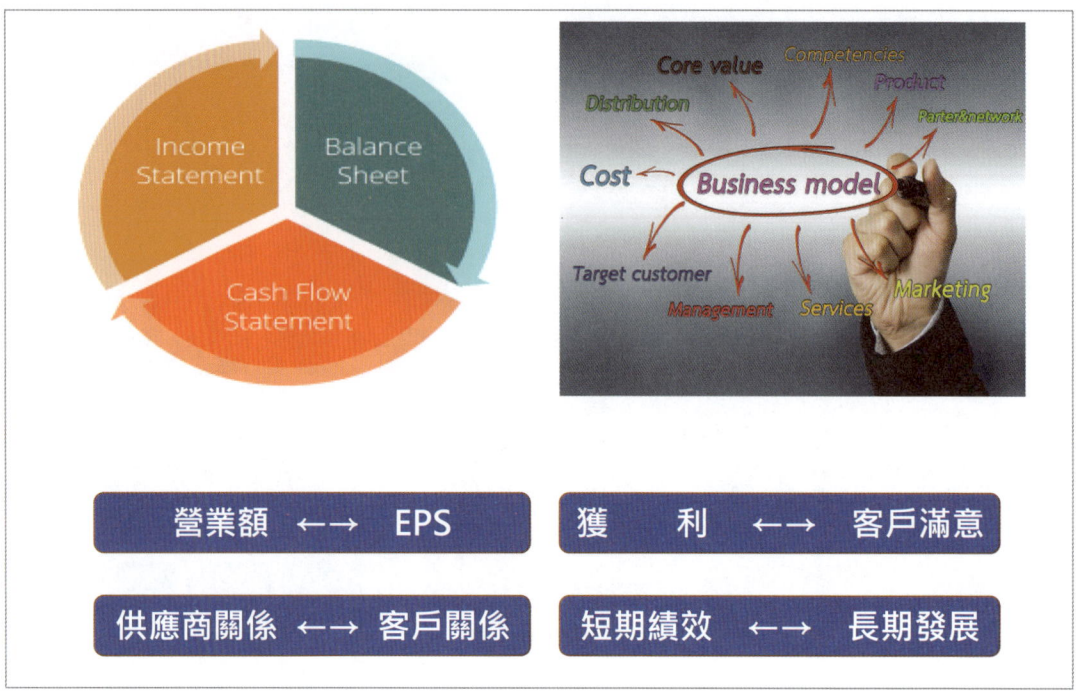

由於經營者的理念不同，每一家企業都會孕育出不同的企業文化，從而影響所有的決策，以下就是 Amazon 務實的四個具體作為：

1. 犧牲 EPS 來換取營業額，以擴大市場佔有率。
2. 降低獲利來提高客戶滿意度，以提升品牌價值。
3. 壓低進貨價格以便降低產品售價，更進一步提升客戶關係。
4. 不斷的創新研發，犧牲短期績效來換取長期競爭力的提升。

以上四點都是吃力不討好的，若 CEO 是外聘的，這些決策很難說服董事會，難看的財務報表更無法獲的投資人的支持，Amazon 的創始人「姊夫」就是一個堅持「作對的事」的強人，也是企業最大股東，因此偉大的理念得以貫徹。

📖 打臉華爾街的經營策略 …

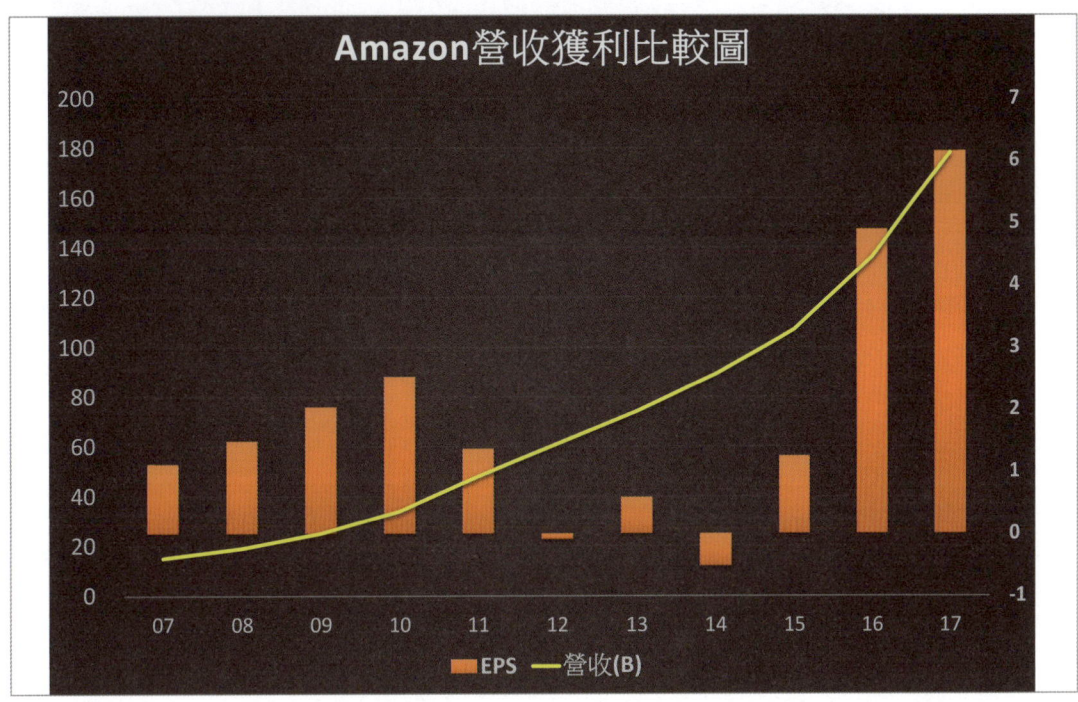

現行體制下,對於企業經營績效的評估,最客觀的依據就是「財務報表」,但財務報表的週期是一年,財務表報表所表達的是「短期」績效,然而一個企業的重大投資策略卻經常需要 5~10 年才能顯現績效,這就是一般經理人所面對「理想與現實」的衝突。

由上圖中可看出 2011~2015 年間,Amazon 營收呈現拋物線成長,但 EPS 卻是大幅下滑,2016 後 EPS 從新回到高度成長,很少有經理人能夠連續 5 年 EPS 下滑而不被董事會開除,並忍受華爾街分析師的冷嘲熱諷,除非他就是董事長(最大股東),或有周全的計畫、強大的說服力,才能熬過獲利低谷期。

多數人都被教育 EPS 高代表公司營運好,正確的說法:「短期」營運好,Amazon 著眼的是企業長久的競爭力,因此賺 10 元投資 100 元、賺 100 元投資 1,000 元,因此在財務報表上經常會產生不漂亮的數據。

台灣的護國神山「台積電」,目前每年資本支出超過 300 億美元,持續的研發、創新,讓所有競爭對手只能張開嘴巴、望眼興嘆。

飛輪理論

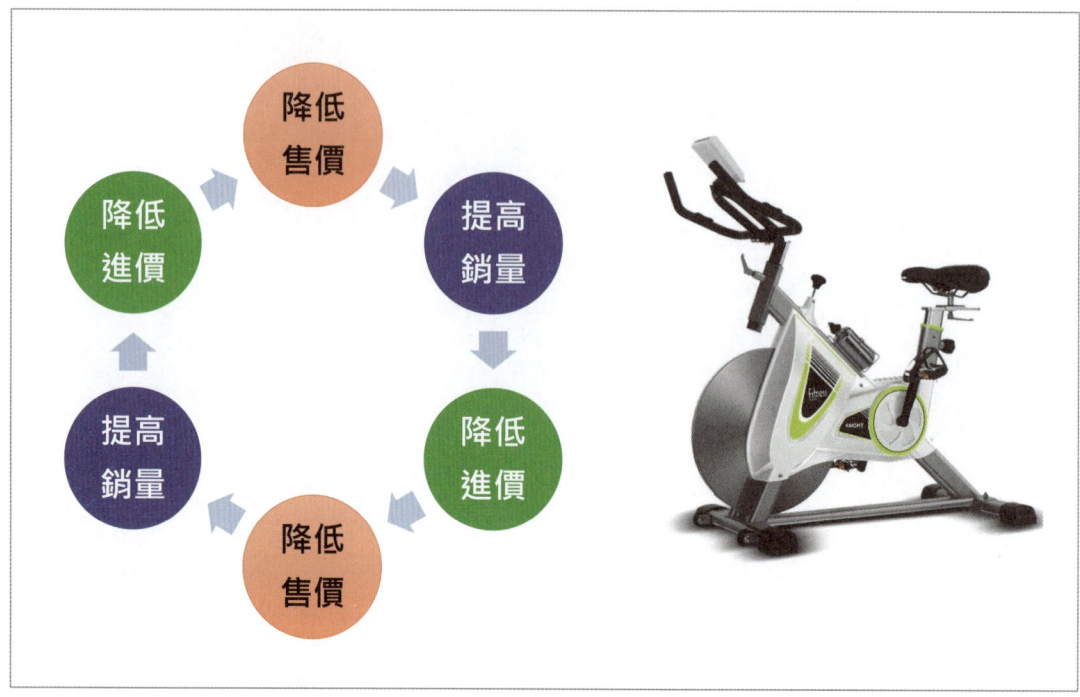

獲利 = 數量 X (售價 – 成本)

- 低智商經理人：提高「售價」→ 增加「獲利」。
- 一般經理人：降低「成本」→ 增加「獲利」的策略。
- Amazon 卻是把焦點放在「數量」：
    1. 藉由降低「售價」來擴大「數量」
    2. 藉由「數量」要求廠商降低進貨「成本」
    3. 由於降低「成本」，因此再次降低「售價」→ 提高「數量」

有了「數量」供應商便會服服貼貼，商品採購價格自然低，售價低自然就容易賣，但多數人卻認為：「降低成本是我的本事，是我的獲利」，這是大家都能複製的策略，而 Amazon 卻把降低進價的獲利回饋給消費者，這就是不愛錢的傻瓜招式，也是大家不願學、不屑學的招式，因為一般人看不到「降低售價」一旦啟動，就如同飛輪的運作原理：「開始踩踏很費力，啟動完成後很省力，最後想停都停不下來！」。

Amazon 1

📖 大數據 → 自有品牌

當 Amazon 獲得客戶的青睞後，Amazon 就是一個強大的品牌，所多產品就可以掛上自己的標籤，並且綁定自己的商品規格，原來的供應商就轉換為「代工」廠商，Amazon 就再一次降低進貨成本，當然；再一次降低售價。

自有品牌代表的是：更進一步的「商品品質」、「商品成本」控管。

不同類的商品消費者有不同的採購邏輯，舉例如下：

廁所衛生紙： 屬於家庭日常用品、大量消費品，對於一般消費者而言，「性價比」是最優先的考量，只要品質不太差，擦屁股用什麼品牌衛生紙無所謂，便宜就好。

化妝棉： 用在臉上的，要求絕對的品質，因此專業品牌會成為優先考量。

隨著 Amazon 的品牌日益強大，會員人數不斷增加，在大數據的協助下，Amazon 挑選出「價格敏感」性最高的商品，一一轉換為自有品牌，更進一步擴大與競爭者的價格優勢。

以客為尊

網路下單後接著就是付款，線上支付當然最方便的，但如果需要經過繁雜的驗證步驟，相信所有消費者就興趣缺缺了，對於老年人更是窒礙難行，因此簡化線上付款作業程序是電子商務成功與否的重要一環，應該很少人知道，線上付款「一鍵下單」的技術是 Amazon 研發並取得專利的。

在追求客戶滿意的目標下，Amazon 還推出了以下創新服務，簡化下單作業：

一按下單：按一下「Tide」鈕便自動發出洗衣精的訂單。

一說下單：對著 Amazondash 說「apple」就自動下單購買蘋果。

一掃下單：拿著 Amazondash 掃描商品條碼，就自下單購買該商品。

一拍下單：拿著手機透過 App 對著商品照相，就可顯示商品採購資訊與網頁。

管家下單：Alexa 是一個 24 小時開放收音的音箱，也是 Amazon 派駐在每一個家庭的總管，你隨時下指令，Alexa 都會回覆你，或為你下單購物。

一切的創新都是為了簡化購物作業，讓消費者獲得極高的滿意度，消費者一旦習慣了，其他競爭者便只能遙望 Amazon 的車尾燈。

📖 物流創新

歐美人士對於過節送禮相當重視，感恩節、聖誕節便是整個年度最瘋狂的購物季節，網路下單十分便利，但龐大的訂單配送就成為 Amazon 的災難，因此 Amazon 對於物流創新採取以下幾項創新作為：

- 併購機器人公司，利用機器人進行自動化「撿貨」作業。
- 採用無人機，對偏鄉進行貨物配送作業。
- 開發「無人在家貨物配送」作業，大幅提高配送效率。
- 研發「空中移動倉儲」，讓飛船長時間飄移在空中，作為空中倉儲據點，飛船中的貨物再藉由無人機配送至各個配送點（目前已取得專利）。

Amazon 甚至自行建立：車隊、機隊、輪船公司、碼頭，企圖以一條龍方式全程掌控物流所有環節，巨大投資的背後就是「客戶滿意」。

「客戶滿意」沒有最好只有更好，唯有不斷的寵溺消費者，才能保證客戶的品牌忠誠度，而藉由資本、研發、創新所產生的服務提升，是競爭者難以跨越的鴻溝。

科技創新

工業革命帶來最大的效益就是自動化，自動化啟動了「大量生產」，大量生產讓各項商品的價格大幅降低，所有的消費者都能獲得更大的物質滿足。

Amazon 卻悄悄地進行商業革命「無人化服務」，試想一個賣場、一個超市、一家便利店需要多少服務人員？先新進國家中「人力」是昂貴的，藉由自動化降低人力需求是企業經營的重要課題，Amazon 雖然在網路購物獲得重大勝利，但它知道 O2O 虛實整合才是完整的電子商務，因此開展 Amazon Go 無人店計畫，利用高科技：感知、定位、追蹤技術，讓消費者可以在賣場中拿東西就走（Jest Go），全自動無人化賣場，目前已在全美各大城市試行。

Amazon 各單位在不斷的創新要求下，對於資訊系統的需求也大幅成長，在「姊夫」的要求下，資訊部門開發出 AWS（Amazon Web Service 雲端服務系統），在此系統下所有單位的資訊系統都是獨立的，就如同樂高玩具（LEGO）一般，需要擴張時就多堆一個單元，需求變少了就移除一個單元，每一個單元各自獨立，這就是目前雲端服務系統的創始版本，這套系統改變了所有企業資訊中心建置規範，目前 AWS 是為全球企業服務的雲端服務系統，更是 Amazon 獲利佔 70% 的金雞母，Google、Microsoft 等軟體大廠也只能在後緊緊追趕。

📖 客戶滿意

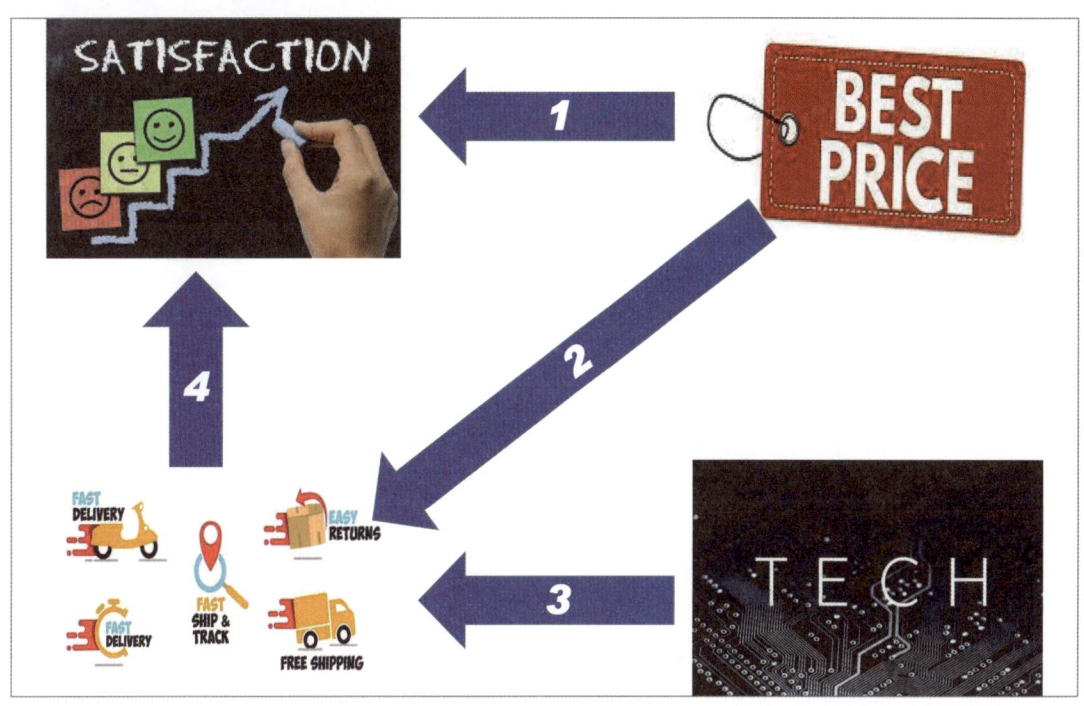

「低價」是一個提高客戶滿意度最常用的策略，所有人都會用，因此最後對於消費者來說就是「無感」，舉例來說：

> 以前百貨公司一年一度的周年慶活動大排長龍，每一個消費者都成了「剁手」族，現在是月月都有促銷活動，演變成沒有促銷活動消費者就不消費了。

Amazon 的 Best Price 除了低價外，更以龐大的接單量來降低物流費用，提升物流效率，更進一步提升客戶滿意度，除此之外，不斷以消費者的角度思考，如何簡化：購物、付款、物流配送所有環節，並研發出各式各樣的創新科技以提升購物方便性。

所有學生、職場人士、廠商、企業都在問：「有沒有捷徑？有沒有速成得方法？」，若你能速成，競爭對手自然也能速成，Amazon 的成功在於「用心」、「務實」，真心站在消費者的立場，這樣的策略才能打動人心，進一步提升客戶忠誠度。

📖 Everything Store

一開始 Amazon 就是一家只賣書的網路書店，但「姊夫」的鴻鵠之志卻是開一家 Everything Store，但在純網路環境下許多商品的販售是有限制性的，因此 Amazon 展開 O2O 虛實整合經營模式，最具代表性的創舉便是併購全美國最大生鮮連鎖超市 Whole Foods Market（全食超市）400 家店面，跨入最具代表性的實體商店產業，400 家店面更是 400 個物流點。

要成為一家 Everything Store 就必須完成線上、線下的完美整合（O2O），以智慧的倉儲管理、強大的物流配送系統，讓物流點成為完美的中繼站，讓「家」成為商品體驗場所，大幅提高物流配送最後一哩路作業的效率。

由於網路基礎建設普及，人手一機已成為生活基本模式，再加上 App 操作介面設計簡單易用，因此 8 歲到 80 歲都能輕易的使用手機購物，因此幾乎所有傳統產業也都導入網路平台，提供消費者便利的服務及愉快的購物體驗，但對於中小型產業而言，建置、維護網路購物平台、商品物流配送、客戶關係管理都是沉重的負擔，Amazon 的 AWS 提供了雲端服務系統，並分享全球倉儲物流系統，讓所有商家可以在 Amazon 的平台上專注於自己的核心事業。

📖 Amazon AI

Amazon 目前將 AI 導入 AWS 系統中,希望幫助賣家更輕鬆地創建高品質的產品詳情頁面,以提升顧客的購物體驗,並幫助賣家取得成功,實際做法如下:

從前: 賣家需要付出大量的精力,來創建和輸入跨眾多產品屬性的準確且全面的產品詳細資訊,以形成具有吸引力的產品描述來吸引合適的顧客。

現在: 賣家只要選擇提供自己網站的 URL 連結,Amazon 利用新的生成式 AI 功能,就能讓賣家將網站上的現有產品資訊轉化為針對亞馬遜店鋪量身定製的豐富產品詳情頁面,大幅降低在 Amazon 作業平台上線的作業時間。

Amazon 是一家全球性的電子商務企業,更是提供全面性商務服務的企業,全球商家都可輕鬆的利用 Amazon 平台將商品推廣至全球各個角落,所以目前 Amazon 是雲端系統供應商、物流倉儲公司、客服中心。

投資哲學

多數的亞洲父母都希望子女進入公職體系,因為:穩定、鐵飯碗,「錢多、事少、離家近」更是年輕人求職時的基本準則,學習時期希望有速成法,經營企業時更希望:「最少的投資 → 最大的效益」,因此亞洲鮮有百年企業,葡式蛋塔效應也在各行各業不斷發生,因為多數人都選擇:簡單、無風險的路。

Amazon 的長期投資哲學:「以最大的代價 → 建構競爭門檻」,完全顛覆筆者從小建立的價值觀,所有 Amazon 競爭對手最起碼得籌資千億、花上 10 年以上的研發,才有機會與 Amazon 站在同一個競爭點上,這是多麼偉大的智慧,不隨著財務報表數字的起伏及股價的漲跌而堅持初衷更是難能可貴。

Amazon 鼓勵創新、允許犯錯,雖然失敗的創新案例非常多,但對每一個創新都進行風險管控,未確認創新模式成功之前是不會投入大錢的,一旦確認創新模式可行才會進行大規模投資,因此賠小的、賺大的。

其實看看全台灣各個角落,歐美人士來台多數採取自助旅行,更多的是背包客,在語言不通的情況下在全球各地橫衝直撞,這就是西方學校、家庭、社會所培育出來的冒險精神。

習題

( ) 1. 以下哪一個項目是 Amazon 創立的宗旨？
    (A) Everything Store　(B) Cost Store
    (C) Anytime Store　(D) Web Store

( ) 2. 以下哪一個項目不是本書中提到創業者的超能力？
    (A) 執行力　(B) 專業知識
    (C) 創新　(D) 說服力

( ) 3. 以下哪一個項目是 Amazon 的第一件商品？
    (A) 電器產品　(B) 服飾
    (C) 書籍　(D) 化妝品

( ) 4. 電子書是以下哪一家公司的創新商品？
    (A) 華碩　(B) 宏碁
    (C) 台積電　(D) 亞馬遜

( ) 5. 以下哪一個項目不是 Amazon 成功的基本要素？
    (A) 創新　(B) 物流
    (C) 廣告　(D) 品牌

( ) 6. 以下哪一個項目是無條件退換貨經營模式的成功要素？
    (A) 高單價　(B) 規模經濟
    (C) 高毛利　(D) 高補貼

( ) 7. 以下哪一個項目不是 Amazon 的經營模式？
    (A) 高客戶滿意度　(B) 高營業額
    (C) 高 EPS　(D) 高市佔率

( ) 8. 以下哪一個項目是 Amazon 能夠持續壯大的主因？
    (A) 營銷手段　(B) 高毛利策略
    (C) 低價搶市　(D) 長期投資

( ) 9. 飛輪理論是以下哪一家企業的成功經營哲學？
    (A) Amazon　(B) Target
    (C) Apple　(D) Sony

(　　) 10. 以下哪一個項目是 Amazon 自有品牌商品的主要考量？
   (A) 價格   (B) 性價比
   (C) 品質   (D) 品牌

(　　) 11. 以下哪一個項目是 Amazon 派駐在顧客家中的超級管家？
   (A) Marry   (B) Gorge
   (C) Alexa   (D) Peter

(　　) 12. 以下哪一個項目是 Amazon 的最高經營哲學？
   (A) 創新研發   (B) 強大執行力
   (C) 企業併購   (D) 客戶滿意

(　　) 13. 以下哪一個系統是雲端服務的創始者？
   (A) AWS   (B) Google Cloud
   (C) Microsoft Azure   (D) Alibaba Cloud

(　　) 14. 以下哪一個項目不是 Amazon 的核心競爭力？
   (A) Best Price   (B) 高毛利
   (C) 創新研發   (D) 物流效率

(　　) 15. 以下哪一個項目是 Everything Store 成功的關鍵要素？
   (A) C2C   (B) B2C
   (C) O2O   (D) B2B

(　　) 16. Amazon 導入哪一項技術，幫助賣家更輕鬆地創建高品質的產品詳情頁面，以提升顧客的購物體驗？
   (A) MR 混合實境   (B) BI 商業智慧
   (C) VR 虛擬實境   (D) AI 人工智慧

(　　) 17. 以下哪一個項目是 Amazon 與 Alibaba 在經營上最大的差異？
   (A) 全球競爭   (B) 經營人才
   (C) 科技創新   (D) 全球物流

(　　) 18. 以下哪一個項目不是本書中提到西方教育的特點？
   (A) 鼓勵創新   (B) 不犯錯
   (C) 允許犯錯   (D) 冒險精神

CHAPTER

2

科技改變生活

我們的生活因為科技創新而徹底改變了：

- 拿著電話就可照相、攝影。
- 電話帶著走，電視、電影帶著走。
- 寄信不用貼郵票了。
- 跟遠方的親人可隨時撥打免費視訊電話。
- 聽音樂、看影片、查資料都不用錢。
- Google 谷大哥上通天文下知地理，24 小時免費在線服務。

因為：

Internet 將全球各角落的電腦串起來了！

Http 讓所有的人可以上簡單的上網查資料！

無線網路、手機讓所有人隨時聯網，隨地可辦公，開啟行動商務時代！

雲端服務讓資料分享更有效率，生活方式、企業經營型態都改變了！

AI 更將改進一步顛覆我們的生活！

📖 通訊變革

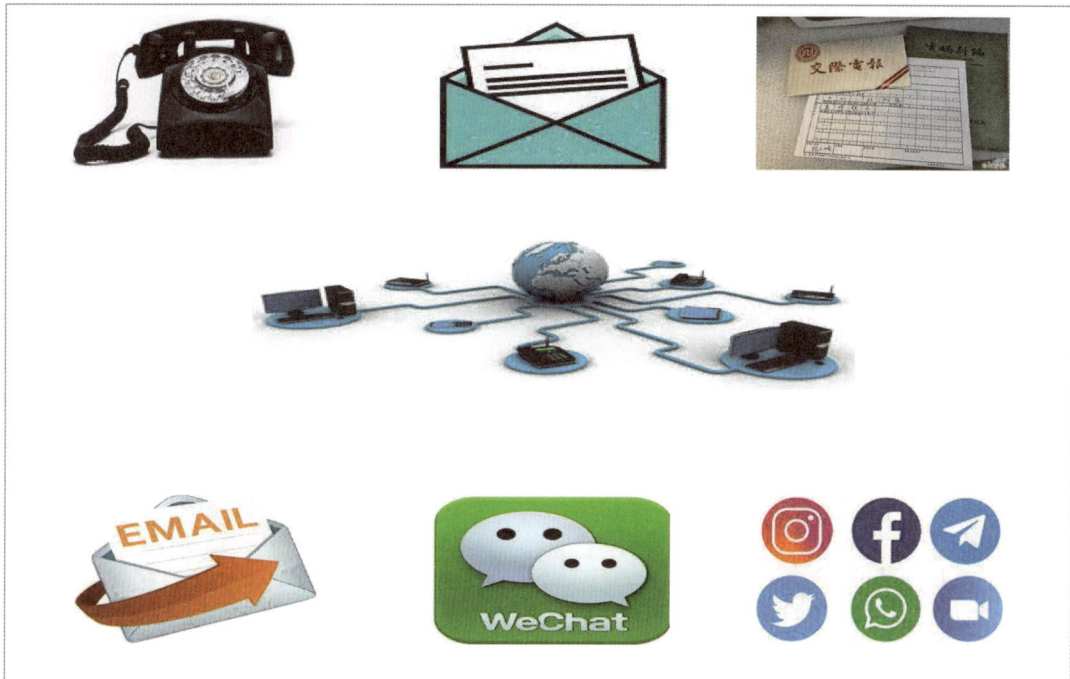

- Email 寄信不用貼郵票，透過網路傳遞，瞬間傳遞到對方郵箱中。
- 行動電話隨時隨地可接、打電話。
- 通訊 APP 讓一群人各自發送信息並分享資訊。
- 社群 APP 讓每人可以將資訊發布給特定、非特定團體或個人。
- 資料分享的種類：文字、聲音、影片、文件。

這一切都歸功於網路、無線通訊，傳統的信件、電報、電話都一一退出市場，取而代之的是行動電話（手機），手機上的 APP（應用程式）幾乎無所不能，讓所有人的生活更有效率，因為隨時、隨地、所有人都連上網路，任何事情都可以立即處理。

通訊 APP 成為人與人聯繫、溝通的工具，社群 APP 成為個人分享資訊的平台，文字、聲音傳遞進化成：檔案、圖片、影片、文件的傳遞，這又得歸功於手機的強大拍照、攝影功能，所有的照片、影片儲存於網路雲端，不用底片不用沖印，照相館一一倒閉了。

媒體變革

以前許多人吃早餐時有看報紙的習慣,早餐店、餐廳也都會提供報紙,送報先生也是拉開一天序幕的主角,開車時聽著收音機,吃午飯、晚餐時看著電視新聞,這就一般人日常獲取資訊的方式。

網路來了,任何一個地方發生事情了,當地的民眾就可掏出手機,拍照、拍影片上傳社群網站、通訊 APP 與所有人分享,資訊就透過社群不斷的擴散出去,絕對的「即時」訊息,打敗了資訊「不新」的電視台新聞、報紙,所有人都可能是第一線的即時新聞播報員。

傳統媒體的功能不再是提供「即時」資訊,記者也不再是第一線的播報者,因為手機成為獲取資訊的第一來源,例如:花蓮發生地震,30 秒內手機便傳來 FB 上友人傳遞的訊息「搖很大喔!」,若真的搖很大,還會在地震發生前收到政府發送的「地震預警警報」,因此傳統媒體不再是新聞提供者,逐漸轉型新聞正確性的查證者、評論者,因為網路時代下,人人都可以製造假新聞、扭曲事件的本質,因此新聞的正確性變成一個嚴肅的課題。

📖 影音變革

無線網路普及之後，人手一支智能手機（行動電話），有關影音的相關功能：照相、攝影、錄音、聽歌、看影片全被包入手機中，生產唱片、卡帶、CD、收音機、照相機的，幾乎是全軍覆沒無一倖免，一隻手機全部搞定了，加上功能強大的修圖 APP，80 歲的阿嬤都能成為美少女，時代進步了，傳統電子業走入歷史了。

無線網路發展初期，資料傳輸速度不夠快時，行動碟、MP4 熱賣，因為影音資料容量龐大，目前都會區無線通訊已進入 5G 時代，就算是線上看影片都十分流暢，將資料存放在雲端伺服器成為最佳解決方案。

FB 的出現代表什麼意義？它成為許多人的「智慧」相簿、「智慧」日記，因為它會在重要的日子提醒你。

YouTube 的出現又代表什麼意義？聽歌不用錢、看影片也是免費的，而且是隨時隨地，在公車上、捷運上、馬路上，許多人戴著耳機聽音樂、聽演講、聽笑話、⋯⋯，還會根據過往的紀錄提供好歌、好片推薦。

市場變了、消費者變了，交易的機制也必須跟著改變，免費的音樂、影片用來產生人潮流量，再以人潮流量來賣廣告，廣告再來賺消費者的錢，這就是「羊毛出在狗身上，豬來買單」行銷手法。

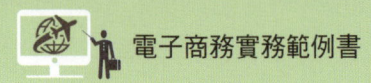

通路變革

網路購物發展早期,人們喜歡將「線上」與「線下」視為對立的兩方,激進者認為實體店面終將被網路商店取代,隨著物流體系越來越健全,物流費用大幅降低,配送效率越來越高,似乎所有商品都可在網路上販售,透過免費退換貨的優惠,消費者可以將「家」作為體驗場所,高興就下訂、好奇也下訂、無聊也下訂,反正免責退貨,因此網路購物的「市場規模」快速成長。

實體店面沒有存在價值嗎?當然不是!需要深度體驗的商品,需要售貨員服務的商品,需要現場氛圍襯托的商品都需要實體店面,陳列商品的低階功能已經被網路商場取代了,因此實體商店必須轉型,加強服務、體驗空間,讓進店的消費者感受「家」所無法提供的專業、尊榮感。

Shopping 有人翻譯為「血拚」,指的是一種亢奮狀態,高興時血拚、加薪時血拚、憂鬱時更要血拚,還得邀閨密一同敗家,這些都是網路購物在家體驗所無法享受的臨場感。

在網路上接收商品資訊,在實體店體驗商品與服務並下單,最後商品由物流公司送抵家中(貴婦怎麼可能提著大包小包走在街上),昂貴租金的實體店面是不該當作倉庫使用的,售貨員也應該是靠業績領高薪的 Sales。

📖 服務平台

A 地盛產香蕉，因此當在地香蕉價格很低時，積極的商人就會到處打聽，知道 B 地不產香蕉，因此將香蕉運到 B 地去賣，賺了大錢，這就是資訊傳遞的價值。

以前的學生為了上學方便，每一個人都必須有一部腳踏車，但到了學校後就將腳踏車停在車棚中，還得繳停車費，每天就騎車 2 個時段（上課、下課），腳踏車不但怕被偷，還必須進行日常保養，經濟效用極低。

YouBike（共享單車）系統出現了，都會區中每一個路口都有租車站，透過手機 APP 便可查詢附近租車站的資訊，A 站租 B 站還，不須保管單車、不必付停車費，每一部單車的使用率大幅提高，單車有專業維護、保證車況良好，這就是現代資訊傳遞的價值。

Uber Eats 美食外送平台整合了：消費者、店家、外送員、金流，所有的路邊攤、小吃店、餐廳都可在平台上販售餐點，餐點外送員透過平台接單，不再專屬於任一餐廳，多勞多得，餐廳也不用再負擔：外送、金流、行銷的工作，所有的消費者更是最大的贏家：一鍵就美食送達。

Airbnb 是一個共享民宿平台，平台整合了：空屋、旅遊者、金流，旅遊者可租到閒置的民宿，深入體驗在地生活，閒置的空房提高了使用率，是一個雙贏的局面。

娛樂

- 以前 Game 是用買的，現在 Game 是用租的（依時、量計費）。
- 以前的 Game 是一個人自己對著機器玩，現在 Game 是一群人在網路上組隊廝殺。
- 以前玩 Game 坐在椅一子上一整天，只有手指運動極不健康，現在玩 Game 可以跳舞、打網球、……，益智又健身。

當 Game 由單機進入網路後，多人組隊對抗讓遊戲的趣味大幅提高，更增加團隊成員的協作能力，目前「電競」已是一個規模龐大的產業，假以時日便能成為奧林匹克競賽項目。

透過無線感知技術，遊戲玩家可以融入遊戲的角色中，各種體感遊戲佔據了客廳，也意味著 Game 由書房走入整個家庭。

透過 VR（虛擬）、AR（擴充）、MR（混合）實境技術，遊戲玩家進入第四空間，脫離現實世界的所有羈絆，在現實社會中失意的 Loser 到了虛擬世界可以搖身一變為 Winner，因此 Game 也被稱為現代「大麻」。

電子學習

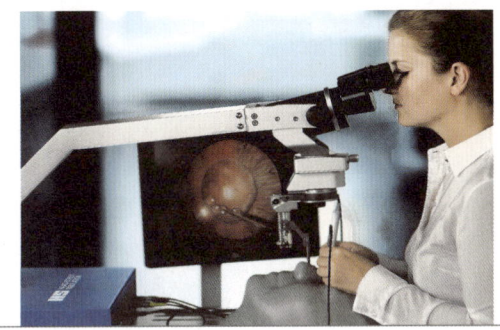

COVID-19 讓校園教育徹底由教室解放出來,線上學習成為主流教育中不可或缺的一環,有問必答的 Google 是所有人都離不開的谷博士,YouTube 更是技術、知識的龐大蓄水池,裡面的內容包羅萬象,真是「只有你想不到的,沒有你找不到的」,雲端資料庫提供了無限大的儲存空間,進步的網路技術讓資料搜尋一鍵搞定。

除此之外,模擬實作訓練系統更是電子學習的一大特色,每一個人進醫院開刀時都要找「資深」、「大牌」醫師,因為性命攸關,那菜鳥醫師哪來練手的機會呢?這時只好找「模擬實作訓練系統」,簡單來說,「模擬實作訓練系統」就是高級的電玩,不會出人命的電玩,除了醫學應用之外,飛機模擬駕駛訓練更是行之有年,任何事涉「性命」、「公安」的作業都在模擬器上進行演練。

網路促成了知識分享,要聆聽全球知名教授的課程,不必再出國留學了,透過 MOOS(大量開放線上課程)系統,網路登記後即可線上視訊旁聽課程,各式各樣的網路論壇,更是交換知識的後花園。

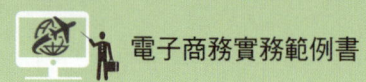

在家工作

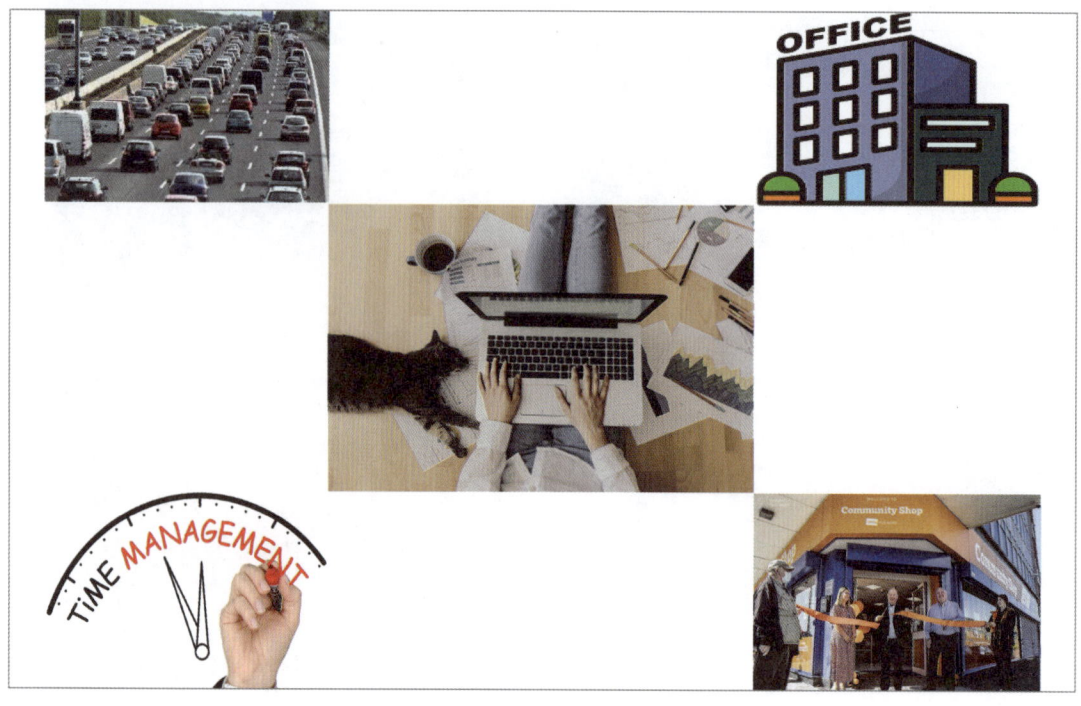

一直以來,到「公司」上班似乎是名正言順,原因有以下幾點:

- ⊚ 共用辦公司資源:辦公設備、電腦系統。
- ⊚ 管理、監督方便。
- ⊚ 面對面溝通、協調。

但新冠疫情打破這個鐵律,在「家」上班成為唯一的選擇,藉由網路系統,所有員工都可連線公司電腦主機,透過視訊會議系統,團隊溝通協調無障礙,透過 SOP 所有工作都可以精準計算產值,比上班打卡管理更有效。

在「家」工作的模式對社會、企業、員工產生以下變化:

- ⊚ 資訊安全變成企業生死攸關大事。
- ⊚ 辦公室租金及各項費用大幅降低。
- ⊚ 員工可以自主安排高度彈性的上班時間。
- ⊚ 交通順暢度提高了,社區商業行為興盛。

📖 遠距醫療

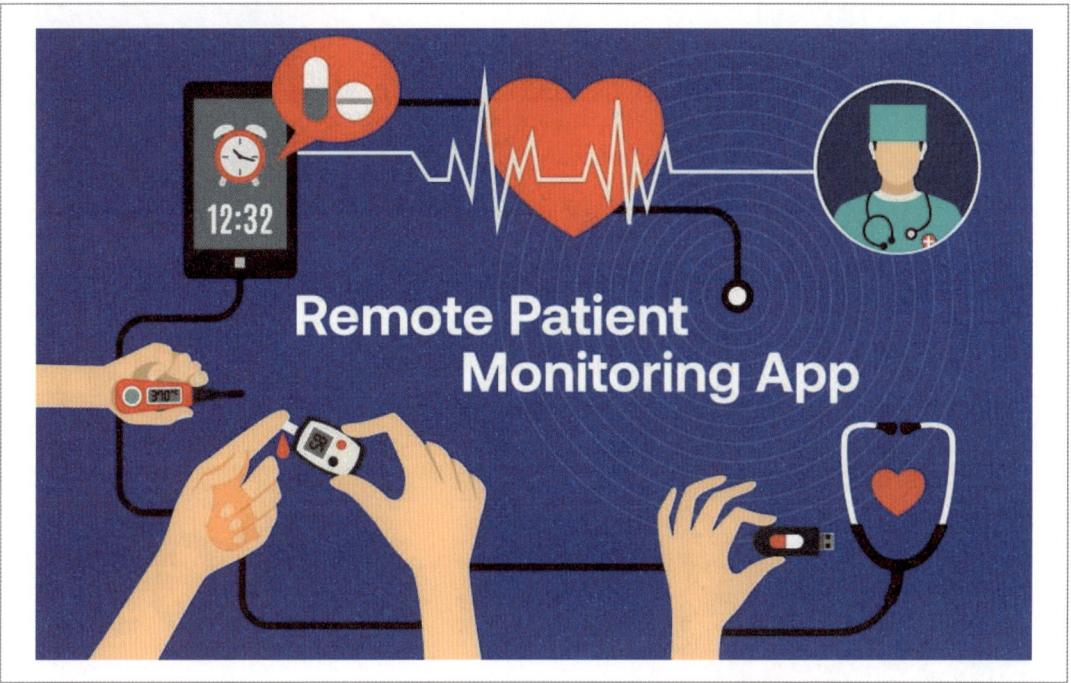

隨著醫學不斷進步，醫療服務日益發達，人的平均壽命提高了，耗用的醫療資源也提高了，各國社會福利制度的財務狀也拉警報了，因此採取醫療自動化來降低醫療成本成為目前的最佳方案。

在網際網路的普及下，遠端患者透過檢測儀器就可將個人身體數據上傳雲端，透過遠端視訊系統即可進行線上問診，患者拿著電子處方籤就可在住家社區取得藥物，如此一來就可大大降低醫療成本。

目前的醫療習慣大都是「出狀況」了才進醫院，如果是大狀況那就是緊急病危，由目前各大醫院急診室隨時爆滿的情況來看，就可知道急救醫療正耗用大量醫療資源，透過「AI 智慧醫療系統 + 雲端數據」，系統會隨時發出各項健康預警訊息，通知個人前往醫院進行進一步檢查，將重大病危急救醫療改變為預防醫療，大大降低社會、醫療成本。

分享經濟

現實環境中,「擁有」就是一種極度的浪費:

- 一個家庭擁有一部汽車,使用率絕對低於 10%。
- 一個家庭擁有一個游泳池,使用率絕對低於 10%。

但如果共用呢?以 YouBike 為例,台北市 2024 年 5 月單車投放量 1.5 萬輛,當月借用次數 600 萬次,平均每一輛單車每一日周轉率:13.3 次,遠遠的高過個人擁有單車的使用率,借用 YouBike 所付的租金遠低於擁有單車的維護成本,透過網路、透過 YouBike 營運平台,「分享單車」系統大大提高單車的使用效率,由於系統創造了效益,因此成為市場認同的成功商業模式。

以目前的科技進步,幾乎是萬物皆可分享,例如:

- 捷運站出口可以租用「共用傘」。
- 咖啡廳內可以租用「充電寶」。
- 所有的資料存放在租用的「雲端空間」,

一個可以「營利」的商業模式,是萬物共享的基本條件!

科技改變生活 ②

📖 數位生活

出門5件事：食、衣、住、行、育樂，樣樣都要錢，但…，出門帶錢不方便、大鈔找零不方便、驗鈔真偽更不方便，因此數位貨幣騰空出世了！

信用卡、手機掃碼、手機感應，各式各樣的支付方式已融入所有人的生活，連巷弄內阿婆的早餐店都開始加入掃碼支付的行列，對於消費者來說，提供了「方便」，對於店家來說，降低了「人事成本」，皆大歡喜。

對於大企業來說，透過數位支付，每一筆交易資料都是消費者的個人資訊，這些資料都是大數據的來源，產生效益如下：

針對消費者：

　　交易資料中包括了：消費習慣、消費喜好、消費週期，每一份行銷目錄都可以是「量身訂製」，並直接推播到客戶手機上。

針對大市場：

　　大數據可以提供精準的市場預測，對於年度計畫的製訂、資源提前配置都會產生極大效益。

33

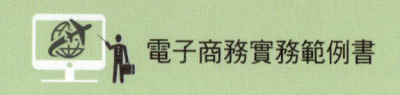

資訊安全

為了讓員工能在「家」上班，企業電腦便必須開放外界進入系統主機的權限，同時也大大提高駭客入侵企業電腦系統的機會，近年來全球知名企業被駭客入侵並要求支付贖金的案例屢見不鮮，資訊安全成為顯學，各學校資訊安全相關科系更是水漲船高、招生滿滿！

在萬物聯網的今天，所有企業的系統主機都不再是封閉式的，所有企業的主機系統、掃毒軟體、資訊安全系統都來自於各個供應商，沒有一家企業的可以完全自主運作，這時候如果出現了「豬」隊友，那就是「吳三桂引清兵入關」，產生的災難將是毀滅性的！

CrowdStrike 是全球最大的資訊安全公司，它是 Microsoft 的外包廠商，它在為 Microsoft 全球企業用戶進行軟體更新時發生重大失誤，所有 Microsoft 用戶系統當機、停擺，造成 Delta 航空公司數千航班停飛，該公司 CEO 宣稱此事件造成 5 億美金的損失，桃園國際機場也因此停擺，登機證用手填寫，機場亂成一團，真是「千防萬防，家賊難防」。

習題

(　) 1. 以下哪一向技術將全球各角落的電腦串起來？
   (A) VR   (B) Protocal
   (C) Internet   (D) WiFi

(　) 2. Facebook 屬於哪一類軟體？
   (A) 通訊軟體   (B) 電子郵件
   (C) 網路瀏覽器   (D) 社群平台

(　) 3. 網路時代下，以下哪一種人是新聞的主要製造者？
   (A) 民眾   (B) 政府
   (C) 電視台   (D) 企業

(　) 4. 網路時代下，免費服務的終端付款人是誰？
   (A) 網路平台   (B) 消費者
   (C) 廣告商   (D) 企業

(　) 5. 以下哪一個項目不是實體店面提供的價值？
   (A) 深度體驗   (B) 專業服務
   (C) 省時高效   (D) 血拚的快感

(　) 6. 以下哪一個項目是共享民宿平台？
   (A) Trip.com   (B) Twitter
   (C) agoda   (D) Airbnb

(　) 7. 以下哪一個項目被稱為現代「大麻」？
   (A) Game   (B) Music
   (C) Movie   (D) Art

(　) 8. 以下哪一個項目是魔課師「大規模線上開放式課程」的英文縮寫？
   (A) MOOS   (B) MOOC
   (C) MOUSE   (D) CIS

(　) 9. 以下哪一個項目對「work from home」的敘述不是正確的？
   (A) 在家工作   (B) 遠距工作
   (C) 無法評估工作機效   (D) COVID-19 期間最為盛行

(　　) 10. 以下哪一個項目不是「降低醫療成本」的作法？
　　　　(A) 遠距看診　　　　　　　(B) 遠端檢測
　　　　(C) 完善社區醫療　　　　　(D) 擴大急診室規模

(　　) 11. 以下哪一個項目是「萬物共享」商業模式的基本條件？
　　　　(A) 營利　　　　　　　　　(B) 公益
　　　　(C) 政策　　　　　　　　　(D) 愛心

(　　) 12. 以下哪一個項目不是「大數據」的功用？
　　　　(A) 精準的市場預測　　　　(B) 精準獲利預估
　　　　(C) 精準庫存管理　　　　　(D) 精準客戶行銷

(　　) 13. 企業實施「在家工作」後以下哪一個項目成為顯學？
　　　　(A) 網路應用　　　　　　　(B) 網路行銷
　　　　(C) 資訊安全　　　　　　　(D) 社群經營

CHAPTER

3

電商崛起

Internet 台灣翻譯為「網際網路」，並未抓到精隨，中國翻譯為「互聯網」就較為傳神易懂：「所有電腦互相連結的網路」，1990 年代開始，Internet 開始進入商業發展與民間應用，讓全球「硬體」、「資料」分享成為可能，但這還是一個屬於「專家」的時代。

WWW（World Wide Web）全球資訊網，是一個架構於 Internet 的網路瀏覽器，所有人在網頁上點點滑鼠就可以「瀏覽」、「下載」全球資訊，從此進入全民資訊時代，但地點只限定於辦公室、家中，因為當時網路連線必須依靠「網路線」。

無線通訊的出現大幅降低「網路線」的需求，一個家庭中，客廳架設一個網路分享器後，所有房間的電腦都可連上網路，一個辦公室、一個辦公樓層都是同樣道理，此時網路連線費用大幅降低，商業效益大幅提升。

行動裝置（手機為代表）出現後，每一個人都可脫離「家」、「辦公室」，手機 24 小時連結網路，業務人員在：咖啡廳、車上、路上、⋯⋯，都可持續商務洽談、接單，行動商務的時代來臨了。

📖 創新的搖籃

電商因何崛起？

為何在美國崛起？

1992 年美國高等法院決議
網購業者跨州銷售無需課稅

2018/06/21 廢止

美國自二戰後成為全球最強的國家（沒有「之一」），最重要的因素便是「創新」，個人勇於創新、企業允許創新（容忍創新帶來的損失）、國家鼓勵創新，因此近百年來所有劃時代創新都源自於美國，這絕對跟「運氣」、「祖墳」無關。

Internet、WWW 都源自於美國所以「電子商務」就該源自於美國嗎？非也非也！Amazon 未出現之前，人們是不知道「網路購物」這回事的，在不了解、不信任的情況下，人人怕被騙，要推廣「網路購物」就是緣木求魚，1992 年美國高等法院頒布了「網路購物免稅」法案，為民眾網路購物提供了強大的誘因，美國也從此展開「電子商務」時代，電子商務經過多年的培育後，競爭力甚至超過實體商務，這時美國政府便喊「卡」，中止了免稅法案，美國商務從此進入 O2O（虛實整合）時代。

台灣的護國神山台積電（TSMC），也是仰賴政府半導體產業政策扶植的，新竹科學園區的創建，提供產業上、中、下游產業鏈的整合，投資減稅方案提供所有廠商更強的國際競爭力（價格優勢），最起碼 40 年的堅持，如今形成的「台積電」文化，卻成為競爭對手無法「複製」的護城河。

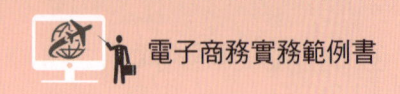

📖 目錄郵購時代

Sears Tower　目錄郵購創始者

年度	事件
1906	股票上市
1945	營收突破10億美金
1973	希爾斯大樓全球最高樓
1991	被WALMART超越
2005	與KMART合併
2018	破產保護

在網路資訊不發達的時代，商品資訊的傳遞大多仰賴口耳相傳，但這樣的傳播速度慢，並且有區域性，後來有了商品傳單，Sears 全球第一家將商品傳單整合成冊，並寄送到消費家中的創新企業，透過郵購目錄，消費者可以在家中以「電話」、「傳真」訂購商品，或拿著目錄上的折價券（Coupons）到商店購物獲得購物優惠，Sears 算是電子商務的鼻祖，120 年後的今天，在台灣的全聯、7-11 都還採用這樣的行銷模式。

19 世紀初期是戰後復甦的年代，Sears 的發展隨著經濟蓬勃發展，走的是高價百貨公司路線，成果輝煌。1973 年 Sears 總部大樓啟用，成為全球最高大樓，也象徵著 Sears 帝國的鼎盛，對隨之而來的經濟蕭條，消費者改變消費行為，「高貴質感」被「平價實用」所取代，開在郊區的大型量販店取代了市中心區的高價百貨公司，代表「平價」的 Walmart 取代了代表「高貴」的 Sears，這就是景氣循環對於產業、企業的重大影響。

「家大業大」只能讓企業活在當下，唯有持續「創新」才能確保企業的競爭力，翻看全球企業史，有幾家企業能夠富過三代，「老店新開」才能造就百年企業！

📖 國際採購時代

隨時觀察經濟變化，隨時傾聽市場的聲音，隨時調整企業的發展策略才是企業發展的核心能力！

經濟由蓬勃發展步入衰退緊縮，消費者的荷包是最敏感的（失業、減薪），所引發的是必是縮減開支，接著再引發「企業業績下滑→裁員減薪」，形成死亡螺旋，在此時「低價」就是王道，Walmart 就是在這樣的環境下成功進入市場的。

要降低商品售價最直接有效的方法就是降低「進貨成本」，成本低了才會有降價空間，Walmart 採取國外採購的策略，在全球「未開發」、「開發中」國家尋求生產成本低廉的代工廠，將大量的低價商品運輸到美國進行販售，在經濟蕭條的年代成為美國最大的零售商。

今天的 Walmart 除了全球採購外，更在全球建立銷售據點，以「全球運籌」的超強能力打敗所有競爭對手，成為全球最大零售商，電子商務興起，網路購物商業模式與實體商務模式存在巨大的差異，網友與百姓的消費行為更是迥異，在網路時代下，Walmart 的全球運籌能力更是受到電商之王 Amazon 的嚴重挑戰，應驗了：「長江後浪推前浪，前浪死在沙灘上」的諺語。

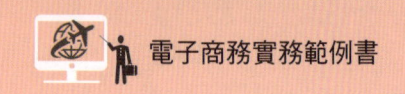

電子商務時代

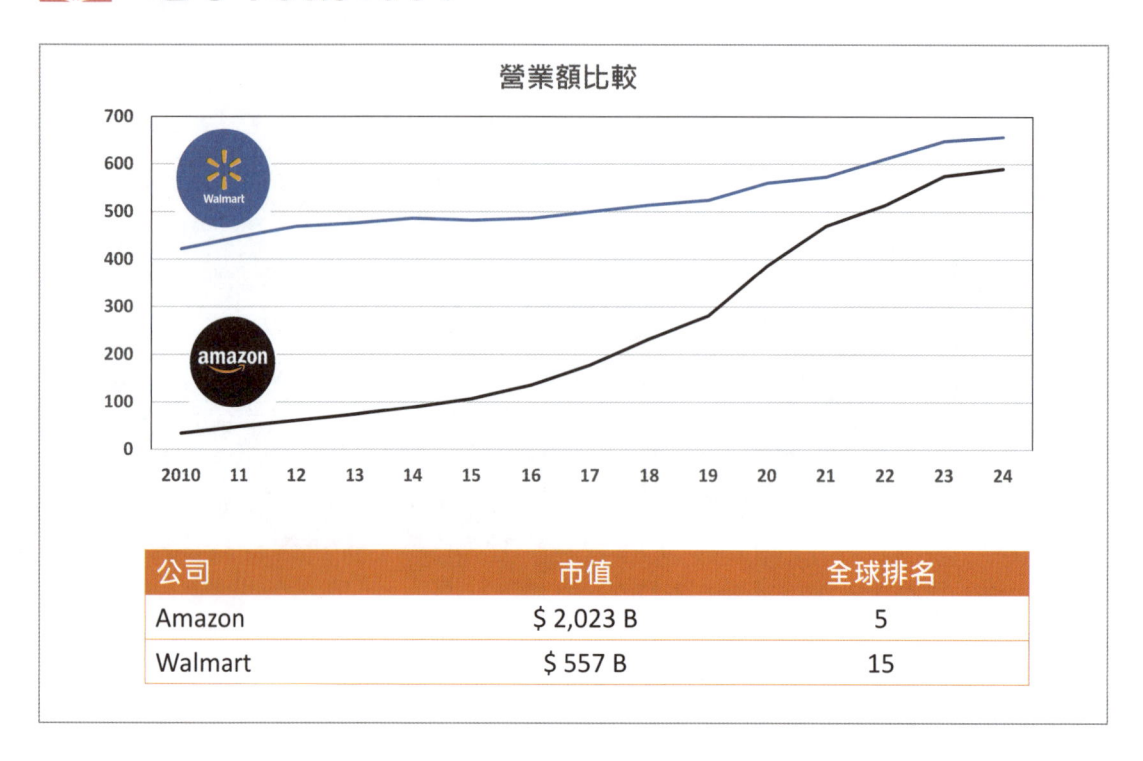

營業額比較

(圖表：2010-2024 Walmart 與 Amazon 營業額比較曲線)

公司	市值	全球排名
Amazon	$ 2,023 B	5
Walmart	$ 557 B	15

「全球運籌」能力包括 3 個層面：全球採購、全球銷售、全球物流，在網路時代下，消費者需求轉移到「速度」、「方便」，網路購物成為新寵，貨比 3 家更進化為貨比千萬家，Walmart 不再享有絕對的競爭優勢，相反的，提供強大「物流」服務的網路購物模式，逐日獲得消費者的青睞，目前已逐漸成為市場的主流。

Amazon 由網路購物發家，目前以全球物流笑傲江湖，短短只花了 30 年。由上圖可知，Amazon 的營業額雖然尚未超越 Walmart，但市值卻大約是 Walmart 的 4 倍，Amazon 的強項在於「資訊整合」，網路的發展對於資訊整合提供了絕對的便利性。在 Amazon 的網站上，消費者可以輕易的比價、找到全球商品，全球的小賣家更可藉由 Amazon 網站平台將商品賣到全世界各個角落，Amazon 還提供第三方賣家：全球倉儲、全球配送、全球客戶服務，因此 Amazon 成為全球商務運籌平台，就如同一家網路上的百貨商城，除了自營還將櫃位分租給第三方賣家，所有銷售以外的雜事全部由 Amazon 提供協助。

Amazon 為了鼓勵各部門創新所研發了 AWS（Amazon Web Service 亞馬遜網路服務），AWS 就是目前大家耳熟能詳的「雲端服務」創始版，Amazon 目前 70% 獲利來自於 AWS，Amazon 更是目前全球最大的雲端服務供應商。

📖 實體商務 → 電子商務

在實體商務時代，購物就必須到實體店，若是街坊鄰居有時候可以電話叫貨、專人送達，但這樣的服務並不普及，因為商品配送是需要人力、時間、成本的，消費者也只能貨比三家，能在偏遠地區買到需要的商品已經值得慶幸了，一般的商家也難以將商品向外地推廣，因為在資訊流通不發達的時代，「距離」對於所有管理工作都是莫大的挑戰。

美國的 Amazon、中國的 Alibaba，先後開啟了東西方的電子商務時代，與實體商務相比，電子商務具有以下優勢：

Any Time： 　網路商店 24 小時無人服務，沒有時間上的限制。

Any Where： 　透過國際物流配送，消費者只要負擔運費、關稅，網站上來自全球的商品都可一鍵下訂。

Any Product： 網路商城商品展示空間無限，非暢銷商品依然可以存活於市場。

Price Adv.： 　透過網頁搜尋器，消費者可以貨比「萬」家，因此網路上商品價格比一般實體店更具競爭優勢。

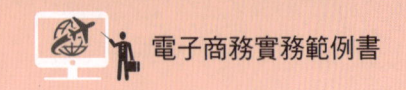

📖 電子商務 → 行動商務

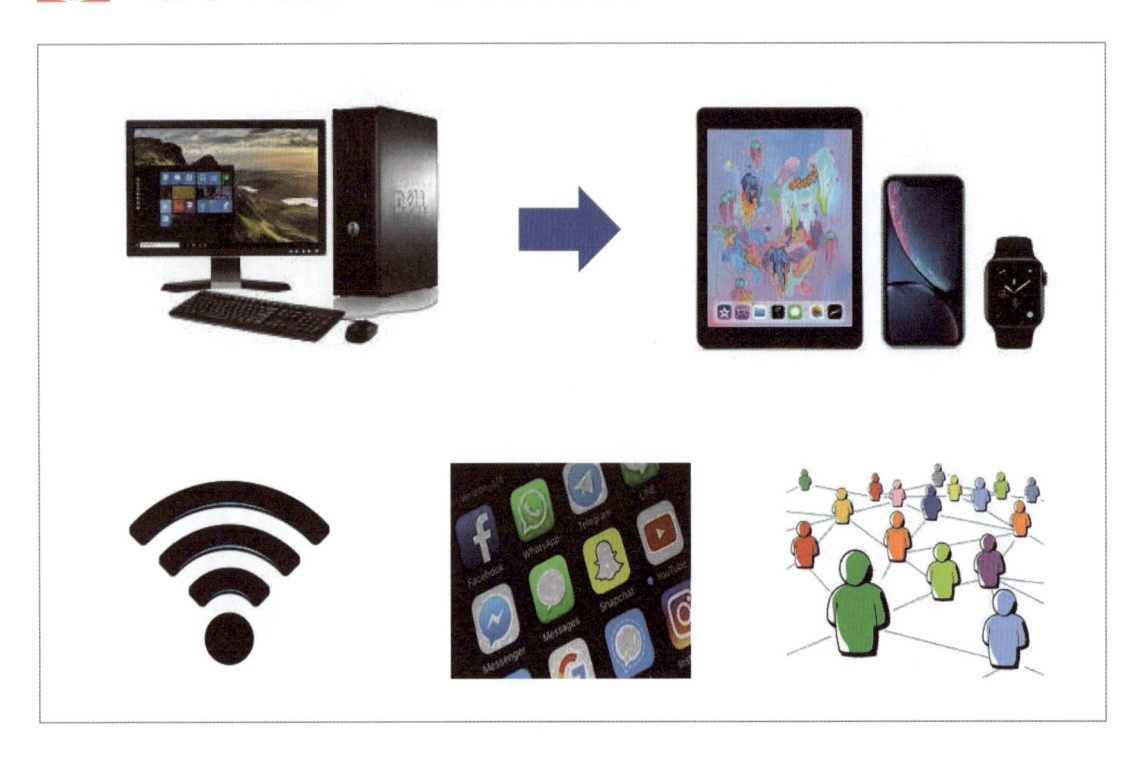

電子商務時代雖然提供網路的便利性，但是當時能上網的地方只有 2 個：辦公室、家裡，因為當時的電腦是需要「連線」才能上網的，這樣的限制是無法讓網路購物普及的，也只有受過電腦操作訓練的人，才能享受網路購物的便利，由於不普及因此物流費用居高不下，網路購物價格也就不具競爭優勢。

無線通訊技術騰飛，通訊基礎建設逐日完備，讓智慧手機普及到每一個人，有了智慧手機人人隨時都可以：上網、通訊、聯繫、查資料、拍照、打電話、…，所有人被智慧手機綁架了。

當智慧手機成為每一個人的「不離身」配備時，行動商務的時代悄悄來臨了：

主動行銷：直接推播 DM 到每一個消費者的手機。

精準行銷：掌握會員資料的企業，為每一位客戶寄發量身訂製的促銷 DM。

社群行銷：透過各類社群平台提供各項專屬服務，藉由社群進行相關商品行銷，並建立企業公益形象。

線上客服：各企業推出的 APP 直接與客戶連結，購物、服務、付款的是一鍵搞定。

📖 行動商務 → 生活商務

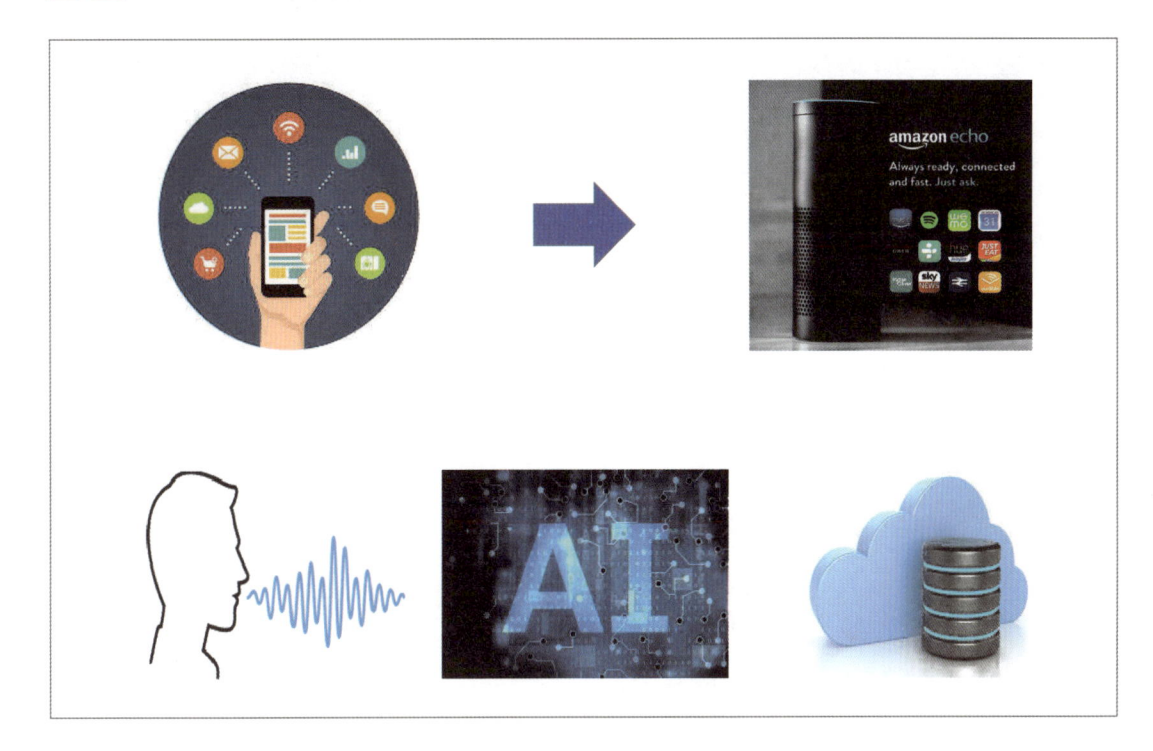

有了智能手機後上網似乎很方便了,但還是不夠方便!許多人還是卡在文字輸入,尤其是雙手不方便拿手機的時候,所謂:「科技始終來自於人性」,許多新科技、新技術、新產品不斷問世,引領電子商務更深層的進入我們的生活:

語音辨識:直接對著手機說話,說話內容就被轉換為文字輸入。

圖像辨識:以手機對著圖片、商品、文件拍照,就可在網路上找出相關資料、商品、或將圖像轉換為文件。

雲端服務:將個人資料、企業資料(系統)全部儲存於網路伺服器,方便個人隨地取得資料,方便企業全球運籌的資料整合。

人工智慧:以上這些都需要藉助 AI,讓系統功能更為完善,例如:語音辨識系統便需要 AI 藉由大數據學習,以克服說話腔調產生錯誤。

Amazon 推出的智能管家系統 ECHO,就是使用語音辨識技術,24 小時在家收聽所有:人、動物、靜物所發出的聲音,有些聲音被判斷為「命令」,ECHO 就會為你執行,例如:資訊查詢、購買商品,有些被判斷為生活資訊,例如:媽媽告訴女兒最近皮膚乾燥,隔天就會在手機上收到護膚試用券。

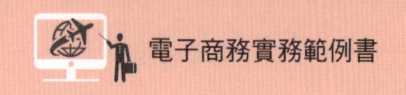

創新的兩難

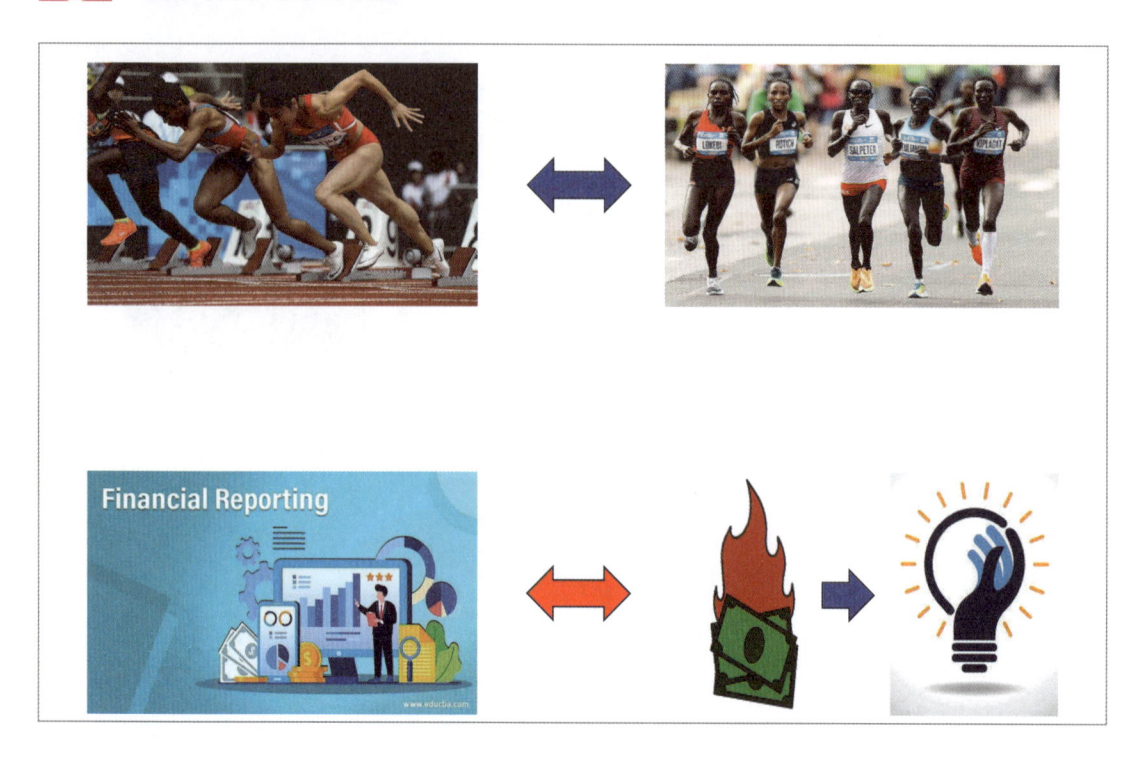

電子商務的領導廠商為何不是財大氣粗的 Walmart，反倒是 3 無企業（無資金、無規模、無通路）的 Amazon 呢？

成功的企業有包袱，優異的財務報表就是原罪，在追求卓越的經營成果時，犧牲的就是企業長遠的發展，財務報表所表現的「短期」經營成果，所有單位的 KPI 更是「即時」績效，而攸關公司長遠發展的投資計劃卻是「長期」的，舉例如下：

雙北捷運系統歷經 20 年的建設才讓市民們嘗到交通便利的果實，20 年間各個交通主要幹道的：施工、管制、堵塞、⋯⋯，市民們是苦不堪言，這就是「短期」績效與「長期」成果的衝突。

當有了「網路」之後，「書」就不應該：紙張列印 → 裝訂成冊 → 運輸 → 倉儲 → 配送，直接由網路下載到手機、平板、電腦，隨時隨地都可閱讀，書的生產成本大幅降低，讀者的方便性大幅提高，但當時的大型出版商為了防止書的內容被拷貝，進而影響業績，因此抗拒時代的進步，也給了 Amazon 壯大崛起的機會。

結語：再大的企業也必須跟著時代的腳步、消費者的需求前進！

O2O：虛實整合

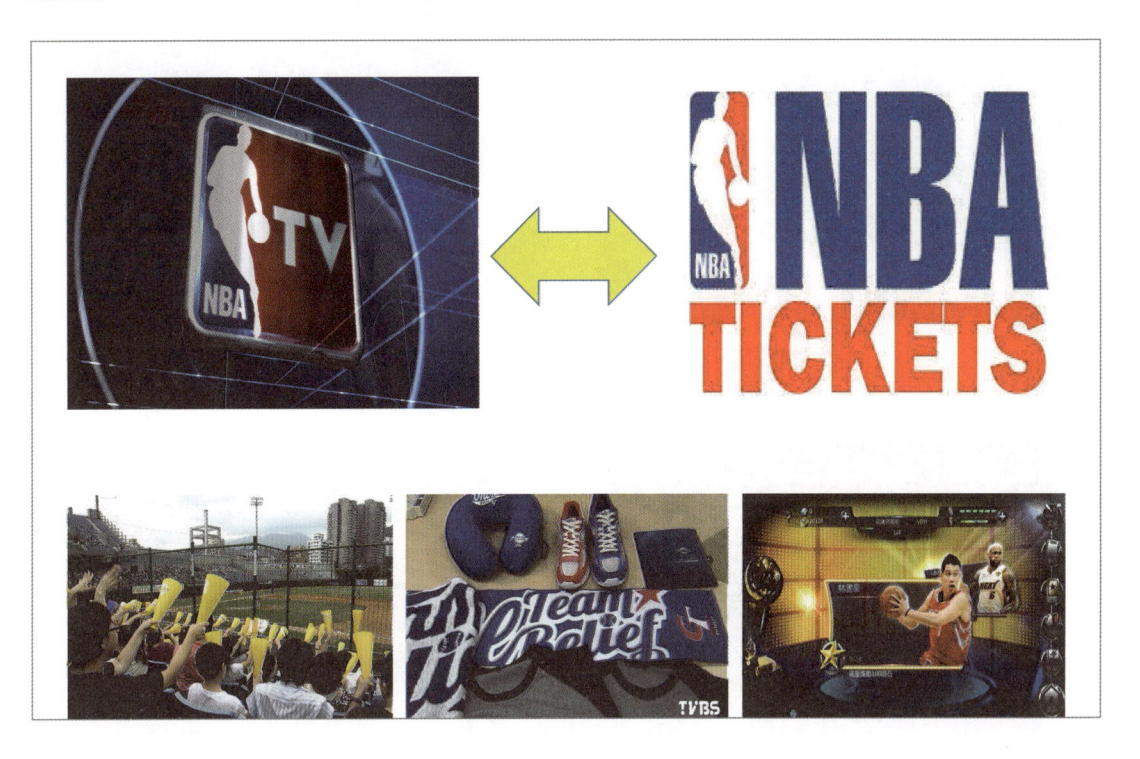

消費行為是非常多元的，實體商店與網路商場各有優勢，不存在「取代」的問題，成功的企業便是充分掌握 2 種通路的特質，進行虛實整合（O2O：On-line To Off-line），以提供消費者最佳購物體驗：

> 以日常用品採購為例，講究的就是 CP 值（性價比），對於小家庭而言社區量販店就是最佳選擇，但對於企業大量採購或是辦公室團購，網路購物才是王道。

> 對於高價奢侈品而言，很喜歡的東西卻不一定會買（不夠衝動），不一定喜歡的東西卻經常買回家（太衝動），On-line 資訊傳遞便捷，讓商品資訊時時進入消費者眼簾，是商品、品牌推廣的絕佳的工具，Off-line 提供商品體驗與尊榮服務，是激起消費者產生購物衝動的最佳工具。

> 以職業運動為例，一級球迷買票現場加油，二級球迷在家、在酒吧群聚加油，時間無法配合的或三級球迷隔天看新聞知道比賽結果，或透過網站觀看影片。現場比賽除了門票收入外，粉絲們的加油服裝、道具、飲食才是大收入，現場實況轉播的權利金更是主要收入之一，比賽影片上傳影音網站後又獲得廣告收入，這就是 O2O 整合經典案例。

Sars

「創新」代表的是「改變」，多數人是不喜歡改變的，因此新科技、新產品、新服務要進入市場是有障礙的，多數的「創新」也因為進入市場的「時機」不對，最後落得悄然退出市場的命運。

今日 7-11 的便當（冷藏）賣的嚇嚇叫，但在 40 年前具有先見之明的創業者卻是失敗破產，因為時機不對，40 年前的台灣經濟剛由農業轉入輕工業，百姓最大的訴求為溫飽，路邊攤的排骨飯成為多數外食族的選擇，很少人在乎：油膩、不衛生，因此注重衛生的冷藏便當是沒有市場的。

視訊會議系統對於跨國（經營、合作）企業而言，可以大幅提高團隊協作效率，並降低出差費用，但推出時卻無法獲得市場認同，因為當時所有人都認為：「當面溝通才有情分、才能說明白」，因此只有少數企業試用，但由於研發廠商投入資源稀少，因此產品不夠成熟，給消費者的覺得更是「不好用」，2003 年 Sars 病毒席捲全球，所有人不敢搭飛機出差洽公，視訊會議系統成為替代方案，「不好用」也得用，市場大了 → 研發經費多了 → 產品成熟了 → 消費者「愛用了」，正向循環產生了。

COVID-19

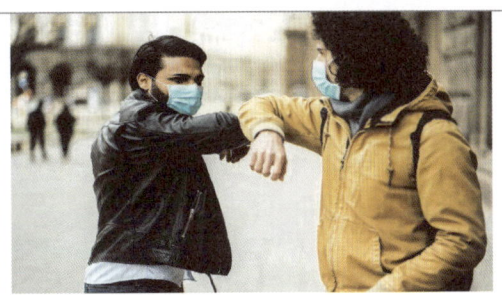

2019 年 COVID-19 病毒席捲全球，在沒有疫苗的情況下，所有公共場所全部封閉，所有人的生活進入「半」隔離狀態，導致實體商場全面崩潰，帶來電子商務的全面崛起，重要改變如下：

在家工作：個人電腦、周邊設備大賣，資訊安全成為企業重大議題。

在家學習：視訊會議系統大賣，數位教學平台成為正式教學工具。

在家運動：室內、智能、虛擬運動器材大賣，運動健身影片大為流行。

在家娛樂：電動玩具、線上遊戲大賣。

在家用餐：餐點外送平台打入每一個家庭。

在此次危機中未能迅速轉型的企業，在長達 3 年的疫情管制下多半倒閉歇業，疫情結束後，雖然生活回復正常，但所有的消費者多了一個選擇：On-line，所有的企業也相繼進行 O2O 經營模式的整合。

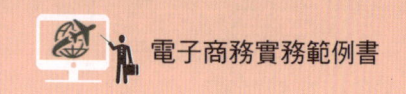

電子商務 = 3 流 + 1 流

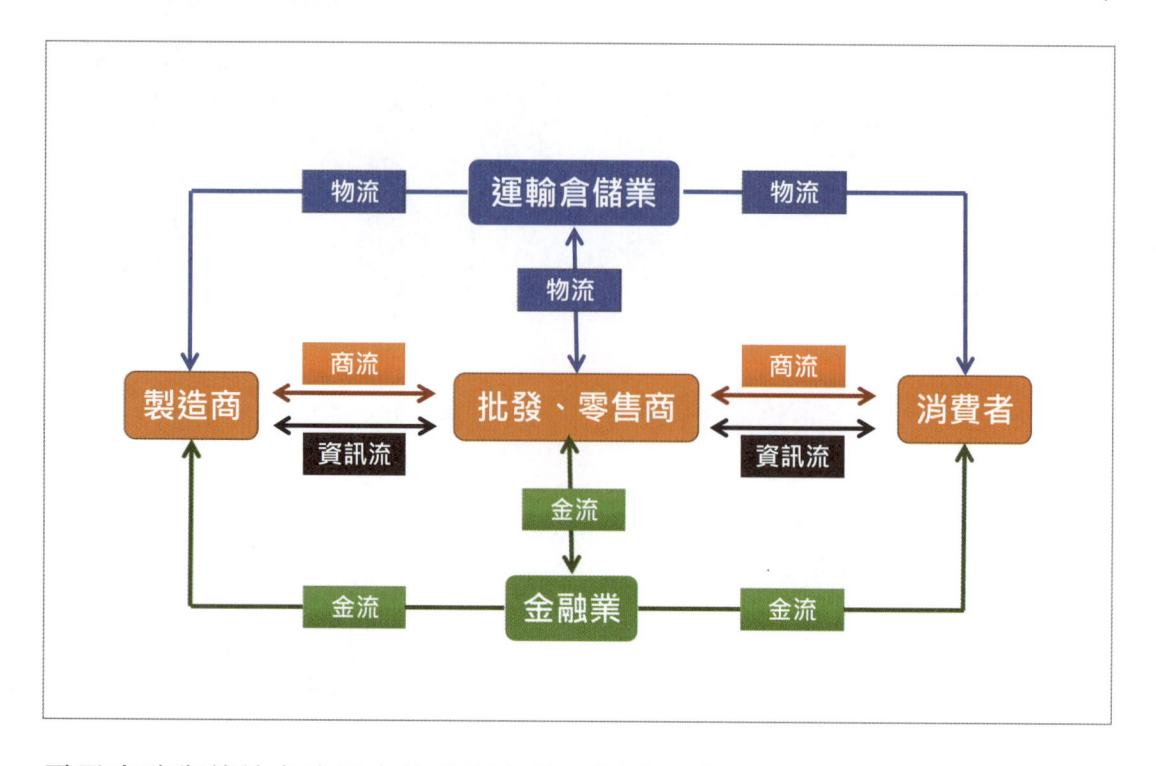

```
                          物流
        物流  ┌──────→ 運輸倉儲業 ←──────┐  物流
              │            ↕              │
              │          物流             │
              ↓    商流                商流 ↓
           製造商 ←─────→ 批發、零售商 ←─────→ 消費者
                  資訊流              資訊流
              ↑            ↕              ↑
              │          金流             │
        金流  └──────→  金融業  ←──────┘  金流
```

電子商務與傳統商務最大的分別在於：網路、資訊科技的應用，網路把萬物連結在一起，資訊科技讓所有商業模式具體可行，資訊流、商流、金流在資訊科技的加持下，所有資料瞬間傳千里、所有交易一鍵完成訂單，然而所有企業對於「資訊流、商流、金流」，都難以提出差異性的服務，因為單純的技術、商業概念是無法建構競爭門檻的。

物流是一般人眼中的厭惡行業，既有印象就是「扛貨的、送貨的、卡車司機」，100% 的勞力密集產業，但在產業快速發展與同業激烈競爭中，物流配送服務卻成為消費者滿意的最重要因子，因為所有消費者都希望「快一點」取得商品，所謂的「快一點」：一週到貨 → 3 天到貨 → 當日到貨 → 市區內 4 小時到貨，消費者的需求是無止境的，因此物流產業產生了「質」的變化。

物流產業 = 倉儲 + 物流（長距離大量運輸）+ 配送（短距離小量運輸），3 個作業必須有效率地緊密協作，才能在每一個細節摳出時間並降低費用，因此導入「整合性資訊系統」，高效自動化作業成為行業發展的重心。

物流自動化與資訊化是一種資本密集、經驗密集的長期投資，因此也逐漸成為一個特殊的獨立產業，第三方物流就是專門提供買方、賣方物流服務的公司。

習題

(　) 1. 以下哪一個項目是促成「行動商務」時代的關鍵要角？
  (A) 網際網路　　　　　　(B) 全球資訊網
  (C) 資訊安全　　　　　　(D) 無線通訊

(　) 2. 以下哪一個項目是讓美國成為世上最強大國家的主因？
  (A) 創新　　　　　　　　(B) 資金
  (C) 領土　　　　　　　　(D) 人口

(　) 3. 以下哪一家企業是「郵購目錄」的創始者？
  (A) Walmart　　　　　　(B) Sears
  (C) Amazon　　　　　　 (D) Target

(　) 4. 以下哪一家企業開啟了「國際運籌」的商業模式？
  (A) Alibaba　　　　　　 (B) Global Cop.
  (C) Walmart　　　　　　(D) Amazon

(　) 5. 以下哪一項目是 Amazon 獲利最高的業務？
  (A) 網路購物　　　　　　(B) 廣告收入
  (C) 第三方賣家　　　　　(D) 雲端服務

(　) 6. 以下哪一項目不再是電子商務的優勢？
  (A) Tax Free　　　　　　(B) Any Time
  (C) Any Where　　　　　(D) Any Product

(　) 7. 以下哪一個項目的功用為是「為每一位客戶寄發量身訂製的促銷DM」？
  (A) 主動行銷　　　　　　(B) 精準行銷
  (C) 社群行銷　　　　　　(D) 大眾行銷

(　) 8. 以下哪一個項目不是「智能管家」的功用？
  (A) 線上購物　　　　　　(B) 天氣諮詢
  (C) 戀愛顧問　　　　　　(D) 航班查詢

(　) 9. 以下哪一個項目不是「雲端服務」的功用？
  (A) 共享軟體　　　　　　(B) 共享硬體
  (C) 共享系統　　　　　　(D) 共享客戶

(　　) 10. 在「創新的兩難」內容中，以下哪一個項目是影響企業長期發展的原罪？
　　　　(A) 短期績效　　　　　　　　(B) 長期績效
　　　　(C) 企業家野心　　　　　　　(D) 務實經營

(　　) 11. 以下哪一個項目對於 O2O 的敘述是錯的？
　　　　(A) 虛實整合　　　　　　　　(B) 線上免稅
　　　　(C) 線下體驗　　　　　　　　(D) 線上行銷

(　　) 12. 以下哪一個項目是創新商品成功進入市場的重要因素？
　　　　(A) 價格　　　　　　　　　　(B) 功能
　　　　(C) 時機　　　　　　　　　　(D) 品質

(　　) 13. 以下哪一個事件讓全球快速進入 O2O 整合時代？
　　　　(A) 電腦病毒　　　　　　　　(B) 流感病毒
　　　　(C) 腸病毒　　　　　　　　　(D) 新冠病毒

(　　) 14. 以下哪一個項目是專指專門提供買方、賣方物流服務的公司？
　　　　(A) 第三方物流　　　　　　　(B) 全球物流
　　　　(C) 供應鏈物流　　　　　　　(D) 銷售物流

CHAPTER

4

倉儲與物流

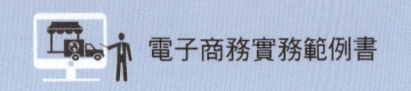

相較於實體商務，電子商務所創造的最大效益就是「速度」、「方便」，網路普及之後，資訊流、商流、金流都在網路上極速奔馳，唯獨物流成為瓶頸，為了滿足消費者對於快速配送的無止境要求，改善物流運籌效率成為電子商務企業關鍵的核心競爭力。

物流運籌包括以下 3 大領域：

倉儲： 原料、半成品、成品在生產的過程中都需要倉儲空間，東西搬進、搬出需要大量的人力，為提升作業效率，目前大多導入自動化作業。

物流： 長距離或大批量的物資移轉我們都稱為物流。

物流節點包括：倉儲、工廠、物流中心、分銷點。

這部分包括：陸運、海運、空運的全方位整合。

配送： 小批量的物資轉移我們稱為配送。

在都會地區的挑戰是：交通擁塞。

在偏鄉地區的問題是：配送成本。

📖 物流的重要性

物流的基本功能就是市場調節，將 A 地盛產的 B 商品搬移到缺乏 B 商品的 C 地，最簡單的例子就是將農村生產的蔬菜水果運到都會區去販售，在對的「時間」將對的「商品」運送到對的「地點」就是成功的物流，舉例如下：

國際間： 澳洲畜牧業發達盛產牛肉，因此澳洲大量出口牛肉到全球各地。

　　　　　中東地區盛產石油，出口石油到全球各地。

　　　　　中國人力資源豐沛，全球的原物料都輸出到中國進行生產。

　　　　　形成全球物流運籌。

地區間： 台灣農業縣是盛產蔬菜水果，賣到都會區取得好價格。

　　　　　新北市工業區生產生活用品，提供全台各地需求。

　　　　　形成區域間物流運籌。

企業間： 上游產業負責商品設計、中游產業負責半成品生產，下游產業負責商品組裝，上、中、下游企業各司其職。

　　　　　形成產業間垂直物流運籌。

商品管理

在商品流動的過程中,商品不斷的進出各個物流節點,為了掌控每一個物流節點的商品存量,就必須進行精準的盤點工作。

商品編號的建立是盤點作業的基礎,每一個商品必須賦予一個獨一無二的編號才能進行有效的管理,大家最熟悉的編號管理就是「身分證」,規則如下:

- 第 1 碼:英文字母,是地區碼、第 2 碼:數字,性別碼:1 男、2 女
- 第 3~9 碼流水號:流水號、第 10 碼:檢查碼

每一個行業都有其商品及管理的特殊性,因此會在商品編號中加入某些控制編碼,舉例如下:

- 食品業會在編號中加入:生產日期、生產批號
- 時尚業會在編號中加入:色碼、尺寸、年分
- 汽車業會在編號中加入:生產地、年分

📖 編號 → 條碼 → QR Code → RFID

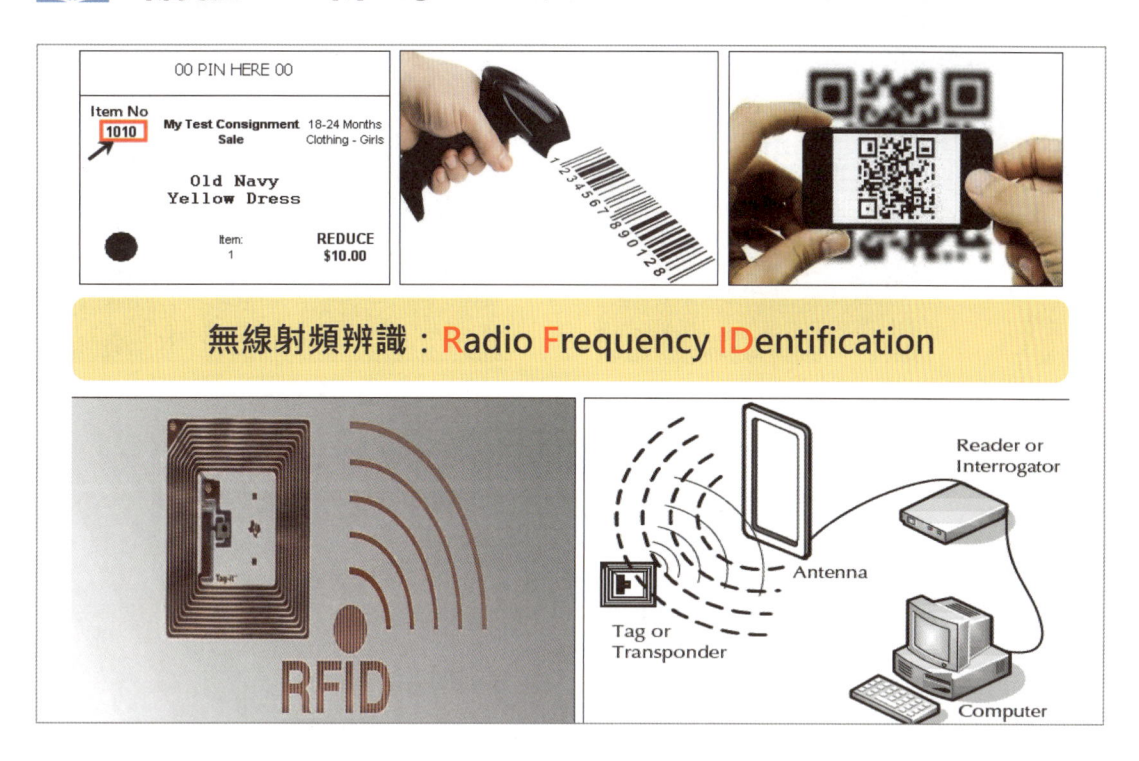

無線射頻辨識：Radio Frequency IDentification

隨著商業規模不斷的擴大，物流中心的工作量呈現級數性的增長，在爭分奪秒的競爭環境下，商品管理的工具、方法也被迫產生以下的變化：

人工盤點： 盤點人員看著貨架上的商品，逐一讀出商品上的商品編號，統計數量後，將數字登入盤點表中，盤點表交回會計室核對帳面庫存量，此為全人工作業。

條碼盤點： 商品的數字編號被轉換為「條碼」，標籤盤點人員拿著讀碼機掃描條碼，商品條碼被自動登入到盤點機中，一次只能掃描一個物件，盤點完畢後將讀碼機中的盤點數量傳輸到電腦中，自動產生盤點差異報表，此為半自動作業。

RFID 盤點： RFID 稱為無線射頻標籤，是一種可以發射無線電波的裝置，當 RFID 標籤接收到 RFID 發射器傳送的電波時，便會反射發出標籤上所登載的商品訊息，若將 RFID 標籤貼於商品上，當商品經過每一個安裝 RFID 掃描器節點或閘門時，就會自完成動商品盤點，一次可盤點一批物件，此為全自動盤點。

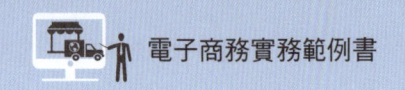

📖 RFID 的庫存管理應用

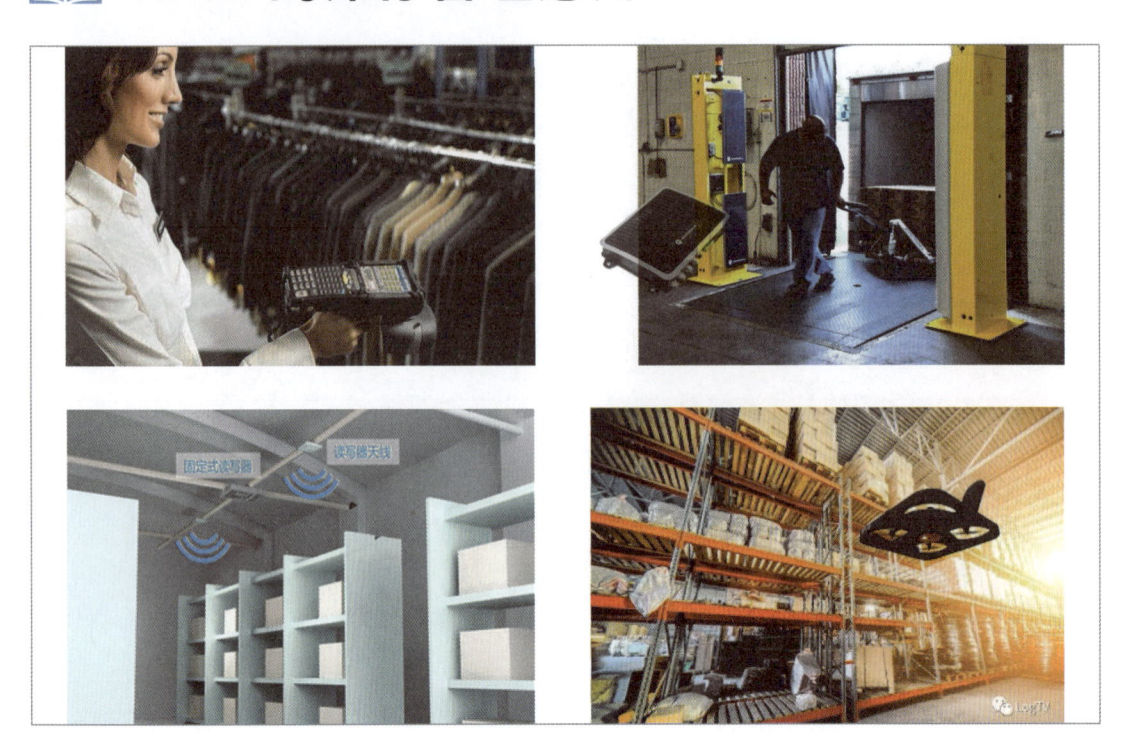

左上圖： 售貨員拿著 RFID 掃描器

對著衣架掃描一遍，衣架上每一件商品都被登錄到掃描器中。

右上圖： 倉庫入口安裝一部 RFID 掃描器

當堆貨棧板被拖入倉庫時，便即完成商品登錄。

左下圖： 在倉儲貨架上安裝 RFID 掃描器

當商品上架、下架時便會自動完成商品登錄。

右下圖： 為了降低營運成本，所有的物流中心都朝向「大型化」、「自動化」發展，倉儲空間更採取高樓層設計，傳統堆高機的運作越來越困難且不具經濟效益，在無人機上搭載 RFID 掃描器，繞著倉儲區每一個貨架飛行一圈，所有商品資料全部傳回商品盤點系統，全自動化無須人力介入，就如同家中的機器人掃地機一般，自動自發。

倉儲與物流 4

📖 RFID 其他商業應用

RFID 的應用相當廣泛，最常見的 3 個日常應用介紹如下：

門禁卡 1： 上班族人人身上都掛著識別卡，識別卡上就貼著 RFID 標籤，進出辦公室時以識別卡在掃描器上晃一下，就完成人員的進出登錄了，也不需要特意跑去打卡了。

門禁卡 2： 進出公寓大廈管理、進出電梯所使用的磁扣，裡面就裝置了 RDIF 標籤，目前更結合公寓大廈管理系統，以磁扣做為住戶識別，到管理處領取包裹時，以磁扣掃描一下，系統便快速列出該用戶所有等待提領的包裹。

悠遊卡： 進出車站、上下公車、租借 YouBike 所用的悠遊卡，「逼」一聲就自動完成扣款。

ETC： 將 ETC 專用的 RFID 標籤貼在車輛擋風玻璃上，當車輛在高速公路上經過每一個計費節點時，車子的資訊便會被讀取，統計每一個節點的資料便可計算每一輛車該付的高速公路使用費。

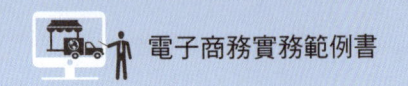

倉儲自動化

在提高物流工作效率與降低物流成本的雙重考量下，物流的中心的大型化、自動化成為產業發展的趨勢，物流中心內的所有作業全部導向：器械化、自動化、AI 輔助系統，以下介紹 3 項物流中心基本作業：

自動揀貨： 現代化物流中心幾乎完全採用機器人揀貨，利用強大的演算法來提高揀貨的效率。

包裝貼標： 根據每一張發貨單內的項目，系統會自動計算材積（尺寸）以便選擇包裝箱，並在包裝箱上貼上貨單條碼，包裝箱接著就在輸送帶上移動，機器人揀選的商品便一件件被投入包裝箱中，封箱完成後，一箱箱的商品便被輸送帶移動至發貨區。

路線安排： 大型物流中心的發貨管理也是相當複雜的，大量的貨物要配送至全國各個區域，路線安排、車輛安排、時間安排全部都仰賴全自動化系統。

在所有系統高度自動化的情況下，物流中心運作效率十分驚人，但整個系統環環相扣，一旦某個節點出現問題，整個系統也將陷於癱瘓的危機。

📖 科技演進的契機？

大量應用→降低單價→全面普及

大廠要求→小廠配合…

每一種新科技在早期應用推廣時，單位成本都非常高，因為使用量少，又必須分攤龐大的研發費用，例如：條碼（barcode）剛引進台灣時只有少數高價商品有能力負擔，一旦達到經濟規模後，新科技產品成本便大幅降低，如今在台灣 99.99% 的商品進入市場前一定要印上條碼，沒有條碼的商品便沒辦法自動販售，便會大幅提高人力成本。

台灣是製造業大國，主要營收來自於國外大單，在歐美國家的要求下，台廠被迫進行產業升級，商品條碼便是一個最典型的範例，在歐美國家的自動化物流體系下，商品沒有條碼根本無法入庫，因此下單便會要求所有商品必須貼上條碼標籤，台廠只好進行產業升級以符合國外買家要求。

例外一個案例就是 ERP 系統，國外大買家為了精確掌握商品的生產時程，因此要求台廠的資訊系統必須與國外買家的系統可以相容，以便線上查詢、下單，台廠也在這樣的要求下進行產業升級。

RFID 標籤目前的單位成本還是偏高，一旦國外大廠全面採用 RFID，單位成本大幅下降後，另一波產業升級又將開展，物流運作效率將再進一步提升。

📖 都會進化

隨著經濟的高度發展，人口也快速的由農村轉移至都會區，龐大的都會人口自然帶來龐大商機，有道是：「人潮創造錢潮」。

生活在都會區中：房價高、物價高、生活指數更高，在強大的生活壓力下，大多數雙薪家庭下班回家後都已精疲力盡，因此生活型態產生重大改變，以下產業產生莫大商機：

餐飲業： 外食族大增，餐飲業是最大獲利產業，速食店更是快速成長。

便利商店： 上班族分秒必爭，臨時需要的商品方便就好，不會計較小錢。

外送平台： 都會區用餐時間人滿為患，許多人懶得排隊，美食平台成為不錯的選擇，COVID-19 期間更孕育出大量的美食平台愛用者。

電商平台： 人手一機後，網路購物自然成為習慣，各大電商平台自是賺得盆滿缽滿，阿里巴巴、京東商城、拚多多便是近幾年在中國崛起的超大電商平台。

物流業者： 網路經濟崛起後，物流配送需求自然是水漲船高。

📖 都會配送工具的演進

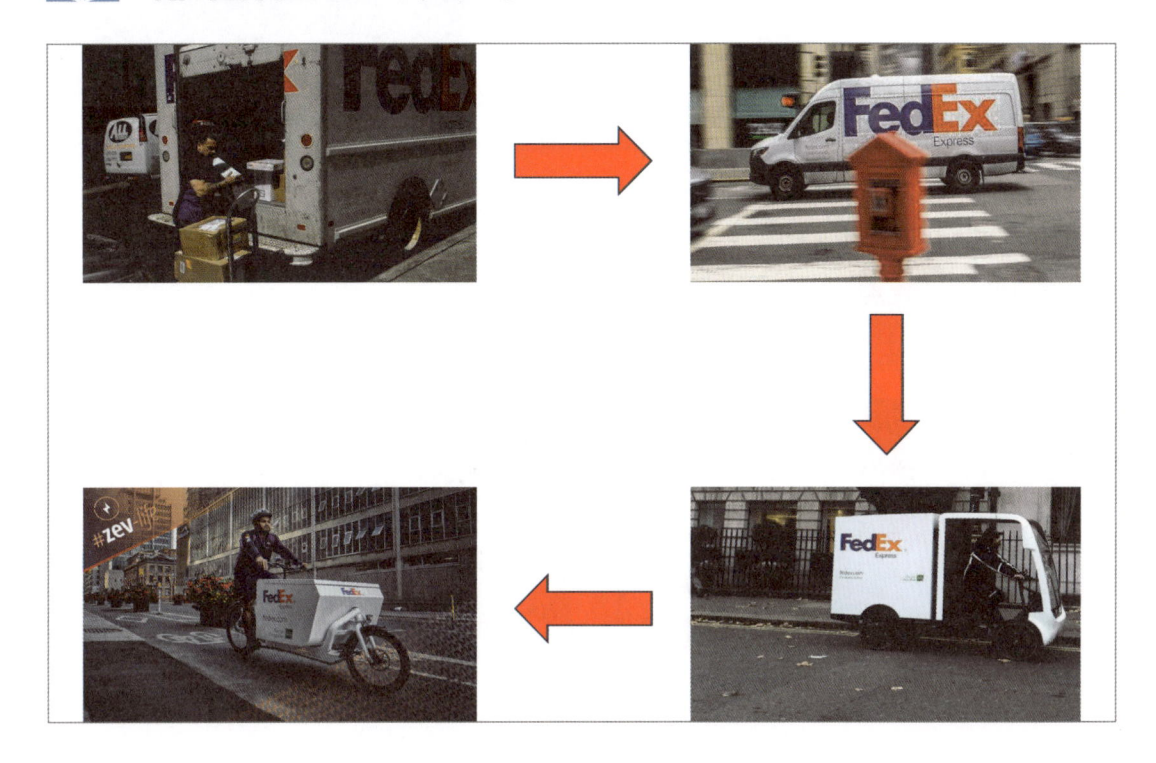

都會區內高樓林立、人口密度極高，相對的，都會區內的交通堵塞問題也日趨嚴重。

新開發的都會區為了吸引購房者，都會在區內會規劃物流中心，大貨車也直接進入都會區中，隨著都會區內人口增加、地價上漲，物流中心便遷移至郊區，市區內大型物流中心也改設為多個小型配送中心，大貨車不再進入市中心，改由中型貨車將物流中心的商品運輸至小型配送中心。

隨著人口、車輛越來越多，貨車一旦在路邊停車、下貨，整條街便堵住了，因此市區內運輸工具不斷進化：中型貨車 → 小貨車 → 機動三輪車 → 摩托車，儘管如此，都會區內商品配送仍是一大難題。

近幾年來物流公司不斷嘗試新的商品配送方案，例如：機器人送貨、無人機送貨、…，但目前都還在試驗階段，尚無法成為可行方案，其中最關鍵的因素還是在於「法規」，以無人機為例，若無航空法規、建築法規的配合，無人機的飛航路線管理、建築物的停機坪設置都將無法可依。

📖 郵件代收

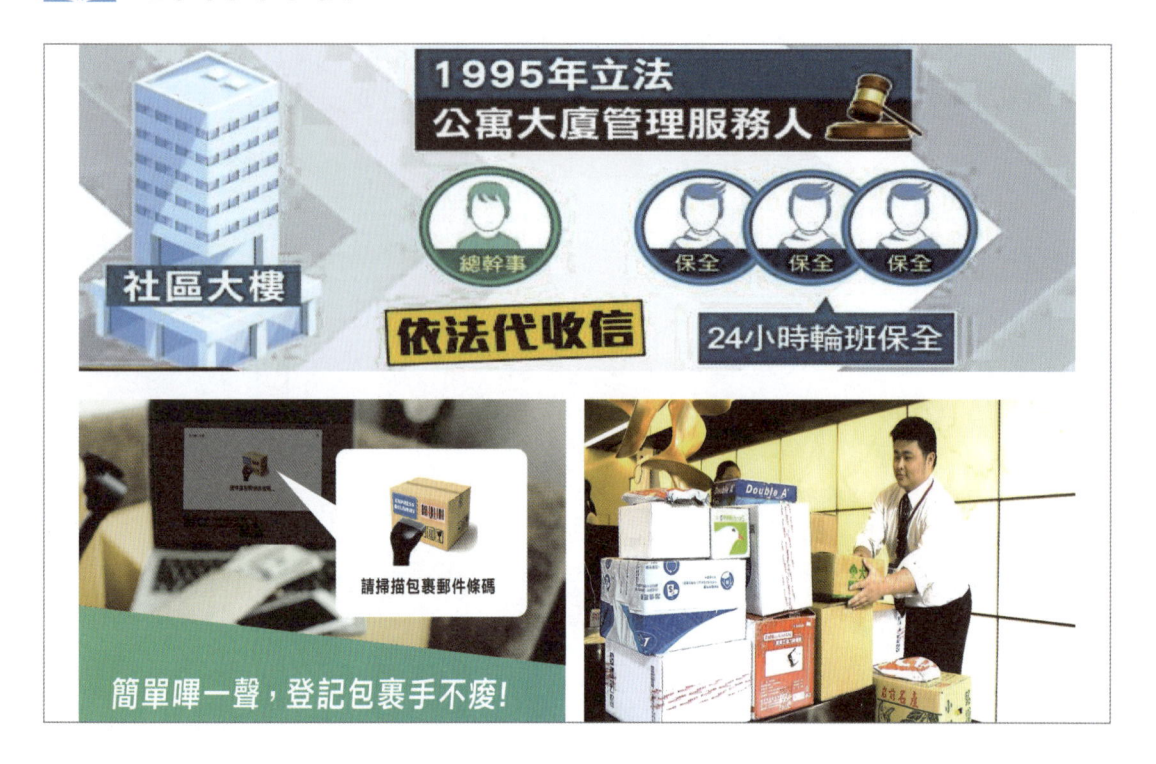

都會區內的住宅白天一般是沒人在家的，因為多數是雙薪家庭，父母上班、兒女上學，而一般的物流配送時間也是在白天，因此商品配送的效率極差，物流成本便大幅提高。

台灣在 1995 年立法通過「公寓大廈管理服務人」法，從此社區管理處可以代收社區內居民的包裹，送貨員不必家家戶戶一一按門鈴，大幅提高商品配送效率，為社區居民帶來極大的便利。

住在社區的居民除了收取包裹方便外，退貨更是方便，對於物流公司來說，更是大幅降低退貨回收的物流成本，因此電商公司敢開出「不喜歡就退貨」的承諾，婆婆媽媽們更把「家」當成試衣間，網上拼命買、家中歡喜試、不中意隨意退，這是一個良性循環，一個社區一趟作業：送貨、收貨，送 50 件包裹 + 收 30 件退貨，與送 5 件包裹 + 收 3 件退貨的成本相差不多，但對於電商公司的營業額卻是倍數成長，以「量」來分攤物流費用，是都會區物流的基本策略。

目前多數社區為了管理方便並降低人事成本，大多引進資訊管理系統，郵件管理也是要主要服務項目之一，對於電子商務的推展更是一大助益。

📖 便利商店

據說:「外籍人士來台定居一段時間後回到母國,對台灣最大的懷念是:便利商店」。

台灣的便利商店太發達了,巷口、街底都有超商(3步一間),而且是名符其實的「便利」,對於住在沒有社區管理服務的居民而言,超商就如同社區管理處,除了一般購物外,寄收郵件、稅費繳納、票券購買都是 24 小時服務。

以 7-11 為例,店內的 ibon 機器就是一台全能的「電子商務」事務機,筆者最喜愛的一項服務就是「雲端列印」,對於平日列印需求服務不多的家庭而言,買一台印表機不但是浪費更是麻煩,有了雲端列印服務之後,社區的居民「共享」便利商店的印表機,不須換裝油墨、更不須故障排除,由於印量較少,對一般居民來說不僅方便,還能節省開支。

超商的統一發票中獎自動通知更是筆者的小確幸,由於加入 7-11 的 OPEN POINT 會員,所有在 7-11 的交易紀錄都自動儲存於 APP 中,對於從來不索取紙本發票的筆者而言,收到中獎通知時,即便是 200 元也是快樂的一天!

蝦皮智取店

蝦皮成立於 2015 年,是註冊於新加坡的跨國企業,主營事業就是線上購物,近年來進入台灣市場後展迅速,目前已是市場排名第二:

(一) momo 購物網　　　　　　(二) Shopee 蝦皮購物

(三) PChome 24h 購物　　　　(四) Yahoo 奇摩購物中心

(五) Coupang 酷澎

對於不是住在社區的居民而言,平日寄送、收取郵件是不方便的,因此電商業者多數仰賴便利商店作為:收、取包裹的窗口,但對於業務量快速增長的蝦皮而言,自有包裹的數量已達到自行處理的「經濟規模」,因此成立蝦皮「店到店」門市,這項業務分為 2 個階段:

店到店: 經營模式模仿便利商店,但只在櫃檯販售簡易商品,主營業務就是包裹的收取,採人工作業,單純就是想自己賺包裹處理費,結果就是慘敗。

智取店: 以無人店方式經營,採全部自動化,店內配置收銀系統及自動儲物櫃,顧客自行付款、取貨,作業程序:簡易、方便,店內明淨敞亮,目前看來是一項成功的變革。

📖 智能取物櫃

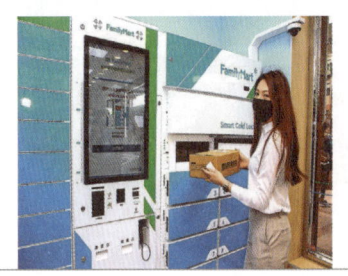

「多元化」是進步社會的象徵，以物流配送而言，由「社區管理處」代為簽收是目前的主流，以社區內的「便利商店」作為中介窗口是一項輔助措施，但對於某些特殊族群來說，仍然是不夠方便、友善的，例如：觀光客、想保有購物隱私的個人，因此業者推出了「智能取物櫃」，一般設置於交通要塞，如：車站、捷運站、商場，以方便顧客領取包裹。

唯有貼近市場、傾聽消費者的聲音，才能設計出滿足消費者多元需求的創新服務方案，中國的電子商務推展較台灣早了十幾年，多數人前往中國旅遊後，都盛讚中國線上支付的方便性，但這種說法是有盲點的，因為在中國幾乎所有東西都是「實名制」，必須擁有中國銀行帳戶、中國電話號碼的人，才能申辦線上支付（支付寶、微信支付），對於外國光觀客而言可說是極度的不方便，因為中國支付系統並不是「多元」的，人民幣、信用卡在中國很多商店是不被接受的，例如：若沒有支付寶、微信支付根本無法以 APP 叫車，連出門都成問題。

得來速

在都會區中,「停車 → 購物」是一件極不方便的作業,因此有些人漸漸習慣餐點外送服務(例如:Uber Eats),但每餐的消費金額最起碼上升 50%,且對於在外到處跑的人而言,外送服務還是不夠方便。

麥當勞的主要商品是「速」食,也就是拿了就走,但如何可以不用停車就可「拿」到餐點呢?於是推出了 Drive Through(開車取餐,中文音譯為「得來速」),這一項服務開辦後,得來速車道上時刻上演排隊秀,因為實在是方便極了,近幾年來麥當勞在台灣的新設店面,幾乎完全採取方便取餐的「得來速」模式。

COVID-19 疫情期間,在降低人與人接觸的考量下,許多商店推出了「外帶區」的服務,同樣解決消費者停車的問題。

「得來速」之所以成功是因為提供消費者絕對的「取餐便利」,這個服務在台灣若早 30 年推出是不會有市場的,因為 30 年前台灣麥當勞的主力消費者是小孩,爸媽帶小孩、爺爺奶奶帶孫子上麥當勞,因此麥當勞提供的是親子同樂的空間,而今天台灣麥當勞回歸到「速」食本業,主力消費者轉變為都會上班族,因此 Drive Through(摩托車、汽車均可)獲得青睞。

運輸、配送：智慧化

早年在美國留學時，平日外出我負責開車，老婆負責翻著厚厚的地圖本，以人工導航的方式播報：「Antony Street 右轉」，後來回台灣到處開教師研習會，可說是開著一台車凸歸台灣，檳榔攤就是台灣的地圖本，後來幾乎所有的車子都裝置了 Garmin（衛星定位導航），再來所有人都用智慧手機的 Google Maps 導航，這就是筆者 40 年來的開車體驗。

物流業者對於導航系統的需求是最強烈的，將商品正確送達目的地只是基本，運輸效率（最佳行駛路徑規劃）更是降低經營成本的關鍵因素，除此之外，企業對於運輸車輛的監控與調度，商品的即時位置（供消費者線上查詢），都是物流與運輸管理系統的重點。

目前 Google Maps 的使用已進化到每一個人，由 A 地到 B 地，採用哪一種交通工具？走哪一條路線？搭幾號車？幾點出門？幾點抵達？全部由系統為您做最佳規劃。

無人駕駛

無人駕駛技術分為 5 個等級，

　　等級 1：駕駛輔助，釋放你的手或腳
　　等級 2：部分自動，釋放你的手和腳
　　等級 3：有條件自動，釋放你的腦
　　等級 4：高度自動，有條件釋放全身
　　等級 5：完全自動，無條件釋放全身

目前在市面上公開販售的車輛，最多只能達到 L2 等級，Google 旗下的 Waymo，已展開試驗性的無人駕駛出行服務，由於必需仰賴「高精地圖」，因此這項號稱 L4 等級的無人駕駛服務只能在限定的城市內運行，說穿了，就是假的 L4 等級，因為「高精地圖」的製作、維護成本相當高，因此無法普及到每一個城市，目前只有一線城市可以做為試行標的，中國的「蘿蔔快跑」無人出行也是號稱 L4 等級，但技術不夠成熟，因此藉由中央控制室內的駕駛人員，遠端操控車輛以解決各種疑難雜症。

電動車龍頭 TESLA 於 2024/10/10 舉行無人駕駛系統的產品發布會，推出號稱 L5 等級的概念車，車內沒有煞車及方向盤，但產品正式上線的日期未定，透過 AI 訓練模型系統，TESLA 無人駕駛系統有了長足的進步，功能迭代的時間大幅縮短，雖然真正的無人駕駛車輛問世還遙遙無期，但似乎已看到黎明的曙光。

📖 無人車隊

目前運輸產業是勞力密集型產業，每一部貨車都需要一名司機，若是長途運輸一部車內甚至需要配置兩名司機輪替，在長時間的疲憊駕駛狀態下，極容易發生交通事故，因此訂有嚴格的駕駛員工作守則。

在運輸產業自動化的過程中，無人駕駛是目前最為迫切的，但研發進度緩慢，目前大規模商轉的自動駕駛車輛僅能達到 L2 級別，只能稱為「輔助」駕駛，儘管如此，對於降低駕駛人員的工作疲憊、降低肇事率已產生極大的助益。

目前的 L2 級別輔助駕駛系統已可做到「智慧跟車」功能，以商用運輸車隊為例，理論上只有第一輛車由司機駕駛，後方的貨車只要啟動「智慧跟車」功能，一個車隊便只需要一位司機。

各位再想想，目前遠端操控技術成熟，司機一定需要待在車內才能開車嗎？目前在中國興起的「蘿蔔快跑」無人出租車，就是利用遠端操控來輔助目前尚不成熟「無人」駕駛，司機們待在中央控制室內值勤，一個人可以控制多輛車、多個車隊，大幅提高運輸產業經營績效。

偏鄉物流解決方案

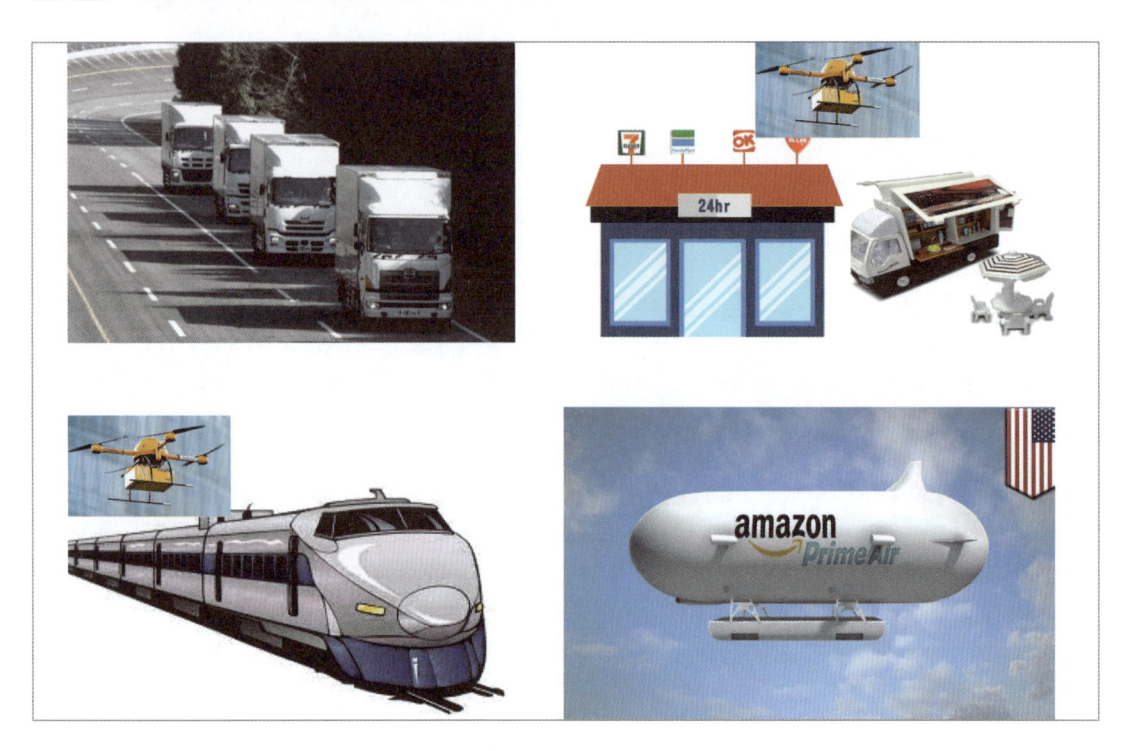

都會區人口稠密，物流配送的密集度極高，一條街可配送幾百個郵件，是屬於高獲利的黃金路線，但對於偏鄉而言，一趟路山高水遠可能只送一個包裹，還可能無人在家簽收，是十足的賠錢路線，而物流公司在接單時，是無法拒絕偏鄉包裹寄送的。

為了提高偏鄉物流的經營績效，各式各樣的新方案不斷被提出，如下：

貨車配送：這是目前的主流方式，也是急需變革的。

便利商店：以偏鄉的便利商店為包裹的配送站，偏鄉居民自行到便利商店寄送、收取包裹，以無人機將包裹運送至偏鄉物流站點。

鐵路方案：以長途運輸的火車為移動倉儲，火車移動至 A 地區後，火車上的無人機便飛離，執行 A 地區的包裹配送。

飛船方案：以無人飛船為移動倉儲，飛船移動至 A 地區後，飛船上的無人機便飛離，執行 A 地區的包裹配送，2016 年 4 月 Amazon 的專利文件透漏此一計畫。

📖 日本偏鄉物流解決方案

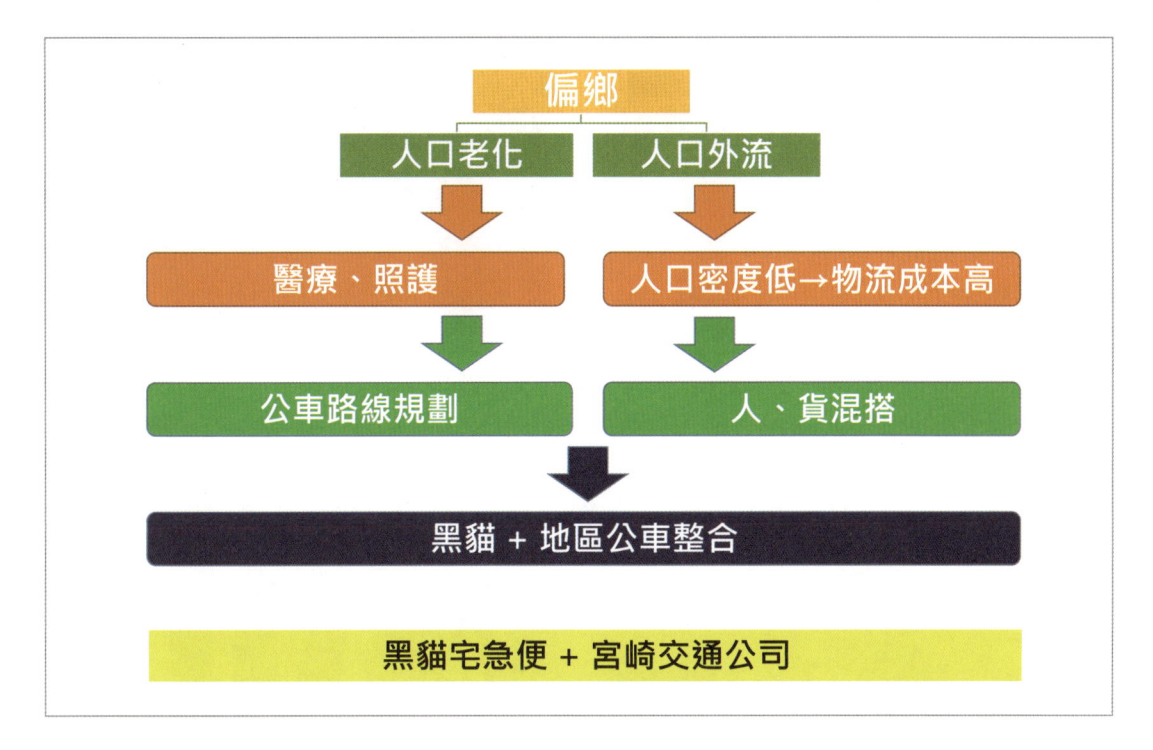

```
                      偏鄉
                    ┌───┴───┐
                 人口老化   人口外流
                    ↓         ↓
                醫療、照護   人口密度低→物流成本高
                    ↓         ↓
                公車路線規劃   人、貨混搭
                          ↓
                    黑貓 + 地區公車整合

                黑貓宅急便 + 宮崎交通公司
```

偏鄉除了地理位置偏遠，交通部不方便之外，最大的衍生問題是：人口外流、人口老化，因此原有的交通運輸體系也面臨巨大的經營成本壓力，目前各國政府都是以補貼業者的方式，維持偏鄉運輸系統的運作。

日本政府、運輸業者、貨運業者進行 3 方整合，提出具體方案如下：

- 將原有公車內部空間進行調整，成為為客、貨兩用。
- 調整公車路線，讓偏鄉居民方便就醫看診。
- 讓物流配送員擔當居民探視工作，配送包裹時也執行地區居民探視工作，也就是執行社工的任務。

「方法總比困難多」是一句企業經營的金句，然而「社會資源整合」考驗的是「企業的創意」、「政府的執行力」、「民眾的道德素養」，三者缺一不可，而這一切都源自於「教育」。

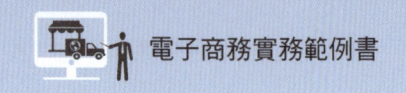

📖 塞港 → 經濟危機

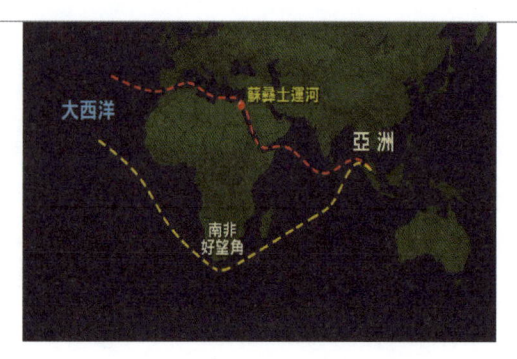

電子商務的崛起大大的推動全球供應鏈的發達，先進國家：歐洲、美國、日本負責研發設計，開發中國家負責生產組裝，未開發國家提供原物料，如此就構成全球供應鏈，而全球供應鏈成敗的關鍵就在於「物流」，以汽車產業為例：

> 一部汽車有上萬個零件，這些零件來自於全球各地，只要其中一個零件無法及時送達組裝廠，整條生產線就停擺了，巨大損失難以估算。

船舶的運輸量百倍於飛機，因此海運運費也遠低於空運運費，因此大宗物資大都採取海運，但海運受天候及環境影響較為嚴重，容易產生無法如期交貨的問題，一旦海運行程延遲，造成的損失，輕則繳交延遲罰款，重則造成全球物價上漲，甚者引發全球通貨膨脹。

2021 年蘇伊士運河發生塞港事件，100 多艘貨櫃輪被堵在港外，歷時 6 天才解除危機，短短的 6 天卻造成各國消費者瘋狂囤積日常用品，缺貨的情況造成物價狂飆，最後引發通貨膨脹。

習題

( ) 1. 以下哪一個項目是偏鄉配送的關鍵問題？
  (A) 交通阻塞   (B) 配送成本
  (C) 人口稀少   (D) 路途遙遠

( ) 2. 以下哪一個項目是物流的基本功能？
  (A) 運輸   (B) 倉儲
  (C) 市場調節   (D) 配送

( ) 3. 以下哪一個產業會在產品編號上加入生產日期？
  (A) 時尚業   (B) 電子業
  (C) 出版業   (D) 食品業

( ) 4. 以下哪一個項目可達到全自動盤點？
  (A) RFID   (B) QR Code
  (C) barcode   (D) Code-19

( ) 5. 以下哪一個項目是無線射頻技術的英文縮寫？
  (A) Bluetooth   (B) RFID
  (C) WiFi   (D) HUB

( ) 6. 高速公路 ETC 收費是使用以下哪一種技術？
  (A) WiFi   (B) Bluetooth
  (C) RFID   (D) Wireless

( ) 7. 以下哪一個項目不是物流中心的基本作業？
  (A) 封裝貼標   (B) 自動撿貨
  (C) 路線安排   (D) 品質管制

( ) 8. 以下哪一個項目是促成新科技應用普及的關鍵因素？
  (A) 規模經濟   (B) 政府補貼
  (C) 彎道超車   (D) 加速研發

( ) 9. 以下哪一個項目是電子商務快速發展的主因？
  (A) 升入提高   (B) 都會生活型態
  (C) 人變懶了   (D) 創新就是好

(　　) 10. 以下哪一個項目是創新物流配送方案的最大障礙？
(A) 成本　　　(B) 科技　　　(C) 法規　　　(D) 交通

(　　) 11. 台灣的「公寓大廈管理服務人」法是在哪一年年立法通過的？
(A) 2025　　　(B) 2015　　　(C) 2005　　　(D) 1995

(　　) 12. 以下哪一個項目是 7-11 店內全能的「電子商務」事務機？
(A) ibon　　　(B) FamiPort　　(C) OK GO　　(D) LifeET

(　　) 13. 以下哪一個項目是蝦皮的註冊國？
(A) 馬來西亞　(B) 新加坡　　(C) 美國　　　(D) 中國

(　　) 14. 以下哪一個項目是社會進步的象徵？
(A) 專制化　　(B) 簡單化　　(C) 多元化　　(D) 大眾化

(　　) 15. 以下哪一個項目是麥當勞得來速的英文？
(A) Der-Lai Thru　(B) Daily Thru　(C) Pass Thru　(D) Drive Thru

(　　) 16. 以下哪一個項目是衛星定位系統的英文簡寫？
(A) GPS　　　(B) RPG　　　(C) AUTO　　　(D) ERP

(　　) 17.「部分自動，釋放你的手和腳」屬於車輛自動駕駛第幾級？
(A) 第 1 級　　(B) 第 2 級　　(C) 第 3 級　　(D) 第 4 級

(　　) 18.「智慧跟車」是屬於車輛自動的哪一個級別？
(A) L4　　　　(B) L3　　　　(C) L2　　　　(D) L1

(　　) 19.「以無人飛船為移動倉儲」是哪一家企業提出的物流配送創新方案，並獲得專利？
(A) Gooogle　　　　　　　　(B) Apple
(C) Alibaba　　　　　　　　(D) Amazon

(　　) 20. 以下哪一個項目不是偏鄉物流的有效解決方案？
(A) 政府補助　　　　　　　(B) 人、貨混搭
(C) 公車路線結合醫療　　　(D) 物流配送結合社區照護

(　　) 21. 2021 年的全球通貨膨脹是以下哪一個港口堵塞所引發的？
(A) 巴拿馬運河　　　　　　(B) 蘇伊士運河
(C) 基爾運河　　　　　　　(D) 多瑙河運河

CHAPTER

5

電子支付

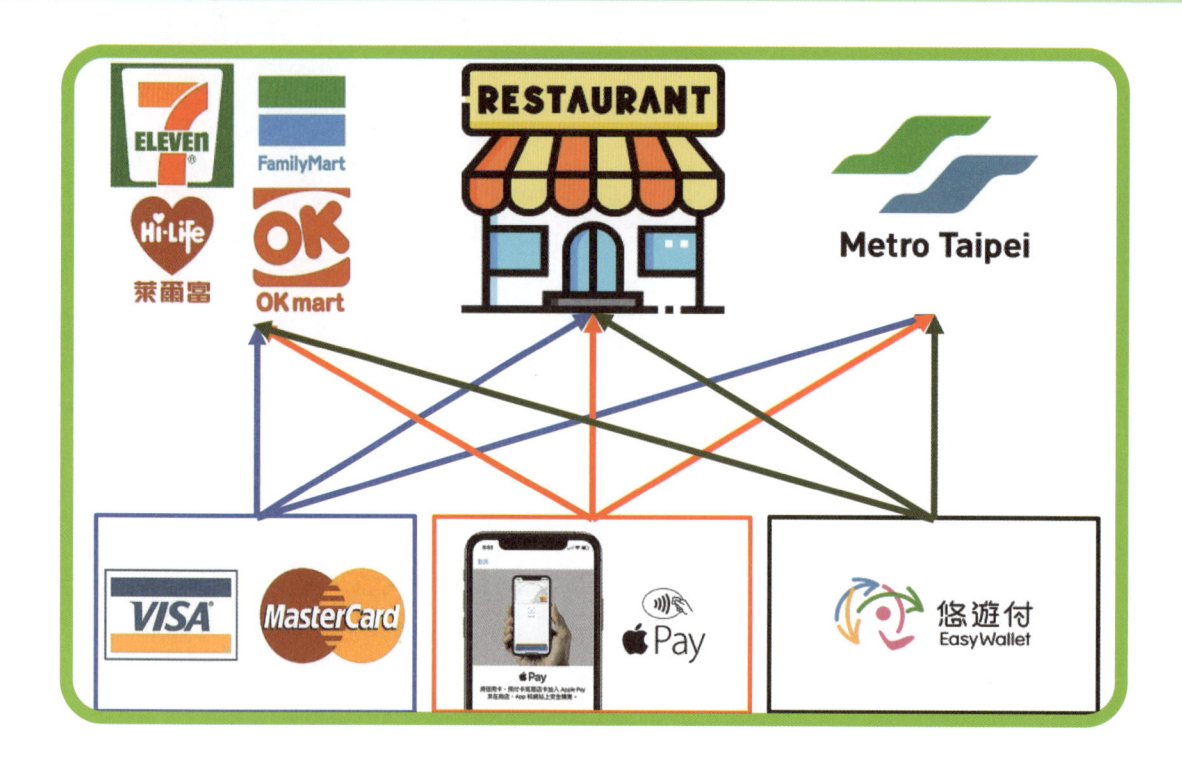

子商務中「金流」算是進步最快、普及度最高、也最容易提高生活便利度的一個項目，說得誇張一點就是：「一機在手，快樂消費」。

在發達國家中，所有的消費場所都提供「多元支付」服務，結帳櫃檯上裝置各式各樣的收銀設備：手機 APP 掃碼、信用卡刷卡、手機綁信用卡感應、手機綁現金卡感應、現金支付、折扣券支付，目前連 ATM 取款機都提供「無卡」取款。

電子支付提供了收款、付款的方便性，消費者享受著付款的便利性，而企業卻是著眼於「顧客」的消費紀錄，也就是顧客的消費：習慣、偏好、需求，有了這些資料才能進行「精準行銷」，舉例如下：

- 對於多數人而言，使用 Google 的各項服務都是不需要付費的，但使用過 Google 商品搜尋後，短期內都會持續在瀏覽網頁中出現相關商品的廣告，因為網友們的「需求」被 Google 販賣給相關廠商。

- 當我們在博客來網路書店搜尋某一本書時，網頁下方便會 Show 出相關推薦書籍、其他讀者回饋、書評，以提高成交率、顧客購買單價。

📖 第三方支付

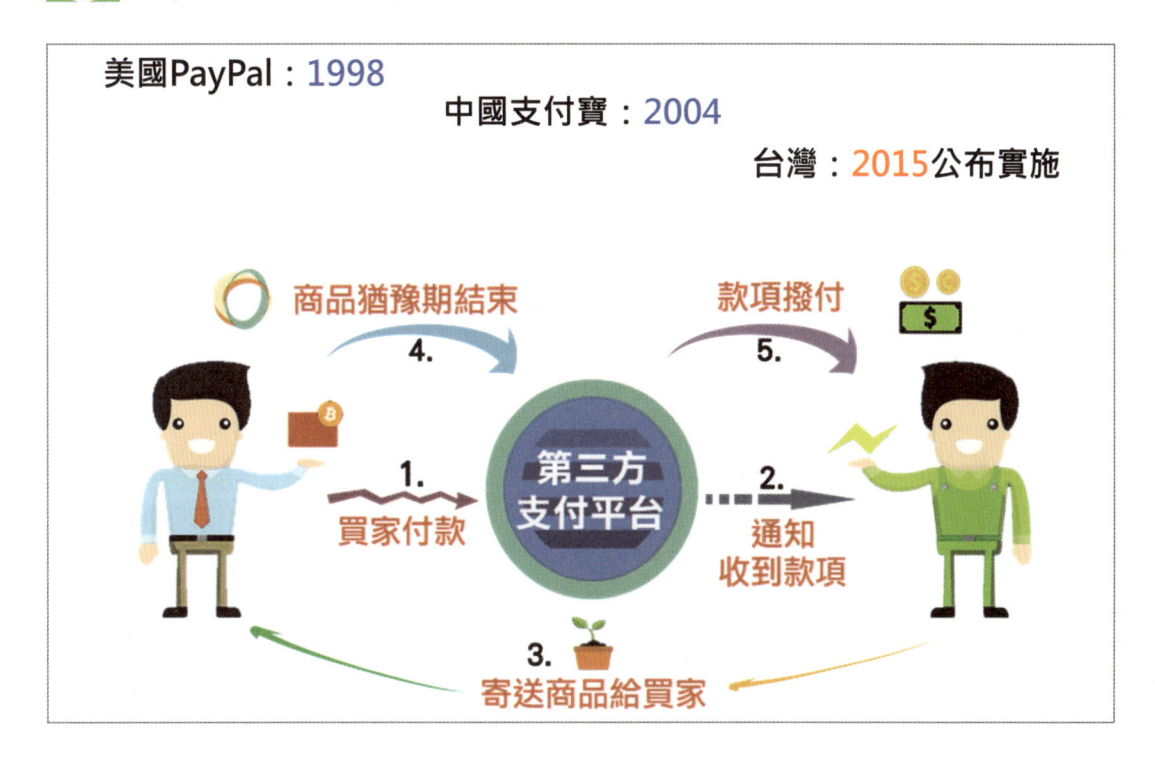

美國PayPal：1998
中國支付寶：2004
台灣：2015公布實施

網際網路發源於美國，現代電子商務一樣發源於美國，Paypal 於 1998 年於美國誕生，是全球第一家第三方支付公司，Paypal 的出現提供解決網路交易糾紛的完美方案。

在傳統商務中，「銀貨兩訖」是確保交易公正性的基本方法，但在網路交易中，要先交貨還是先交錢呢？買賣雙方都有風險！而第三方平台便扮演著「公正」的角色，買方下單後先將錢付得第三方平台，平台收到匯款後，便通知賣方出貨，待買方收到商品確認品質無誤後，滿方再通知第三方平台付款給賣家，這樣的過程便可達到非同步的「銀貨兩訖」。

中國的支付寶成立於 2004 年，而台灣在 2015 年立法通過「電子支付機構管理條例」，開放網路業者從事第三方支付業務，台灣電子商務產業發展才正式進入爆發期。

近日筆者在 FB 上看到 Nike 運動服廣告，覺得商品美、價格優，因此就網路下單、7-11 取貨付款，回家拆箱傻眼了，收到的商品與網路上的廣告完全是不同商品，包裹上的廠商服務電話永遠打不通，FB 的申訴完全無用，這時就深深體驗到蝦皮、momo、PChome 所提供第三方支付的消費者保障。

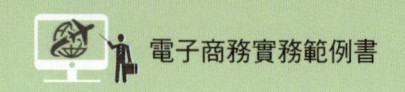

多元支付

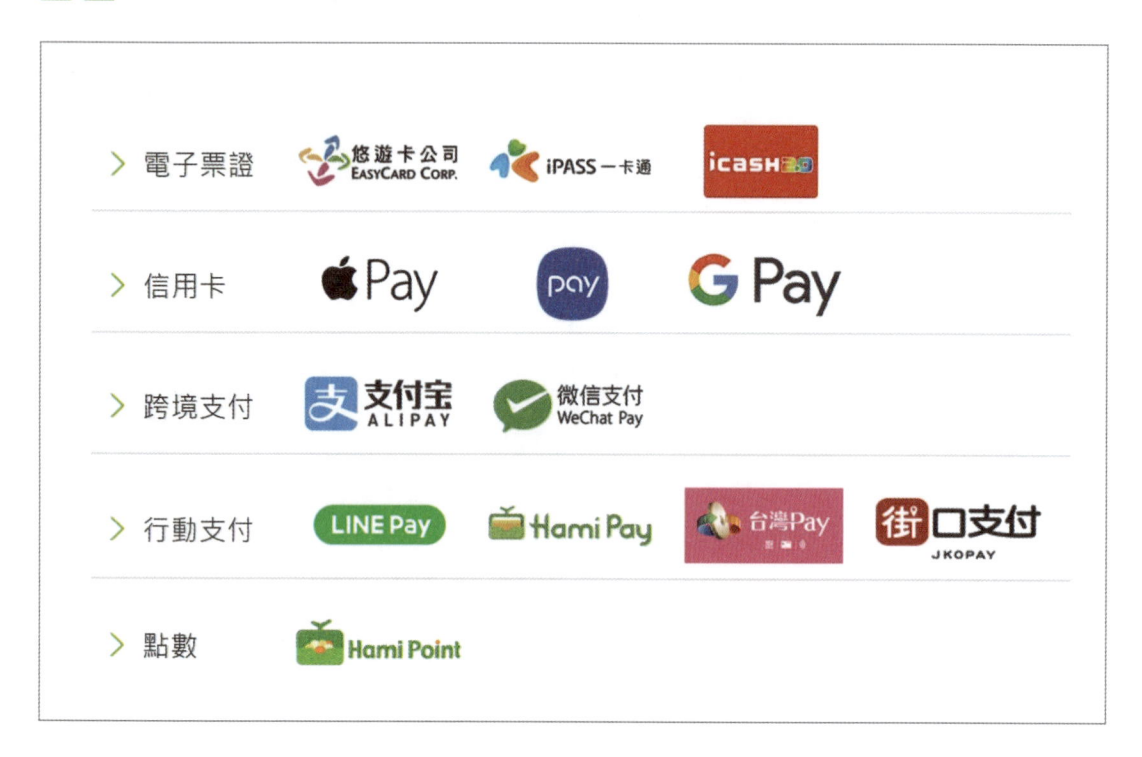

➤ 電子票證	悠遊卡公司 EasyCard Corp.	iPASS 一卡通	icash 3.0
➤ 信用卡	Apple Pay	Samsung pay	G Pay
➤ 跨境支付	支付寶 ALIPAY	微信支付 WeChat Pay	
➤ 行動支付	LINE Pay	Hami Pay	台灣Pay	街口支付 JKOPAY
➤ 點數	Hami Point		

上圖列示為目前市面上各式各樣的數位支付工具，對於消費者而言差異如下：

數位錢包：必須先充值，消費時由錢包中進行扣款，例如：悠遊卡、一卡通，一般都會綁定銀行帳號，當錢包內餘額不足時便會自動由帳號轉錢至錢包中，若沒有綁定銀行帳號，使用者便必須自行前往便利商店以現金進行充值。

綁卡消費：目前各式各樣的 Pay（例如：Apple Pay、Line Pay），都可同時綁定銀行帳號或信用卡帳號，若綁定銀行帳號，就如同現金卡的概念，消費時直接由銀行帳號扣款，若存款不足則會產生扣款失敗的錯誤，若綁定信用卡，則消費時以信用卡支付。

點數消費：為了綁定特定消費者，某些公司會發行特定商品消費券（點數），例如：HamiPoint，只能用於某些企業或某些商品，這一類的消費券大多以企業客戶為主，另外各種 Pay 也都會搭配消費點數作為促銷工具，例如：iCASH、Line Pay。

📖 支付技術

NFC：近距離傳輸技術　　　　QR Code：2維條碼

數位支付工具種類雖然很多，但採用的技術大約分為 2 種：

NFC（近距離傳輸）：

目前的信用卡、現金卡都配置通訊晶片，在卡上就可以看到通訊圖示，將卡片靠近讀卡機（不必接觸），就可以自動連線扣款，多數人又將信用卡或現金卡綁在手機上，因此直接以手機靠近讀卡機，一樣可以讀卡扣款。

QR Code（2 維條碼）：

某些消費場所並不適合安裝電子讀卡機，例如：夜市攤販、早餐店、飲料店，這些場所只要在櫃檯上、桌上貼一張（掛一張）QR Code，提供消費者以手機掃碼付款，就相對簡單方便。

在台灣 Line 是市場佔有率最高的社群通訊軟體，由於掌握大量的使用者（截至 2024 年 12 月在台用戶量已高達 2,200 萬），正所謂有人潮就能帶來錢潮，Line App 上推出各式各樣的商業服務，其中最具商業價值的就是 Line Pay，已於 2024 年底上市交易。

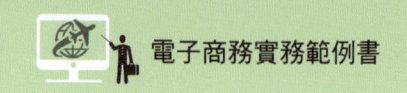

金流 → 消費紀錄 → 客製化行銷

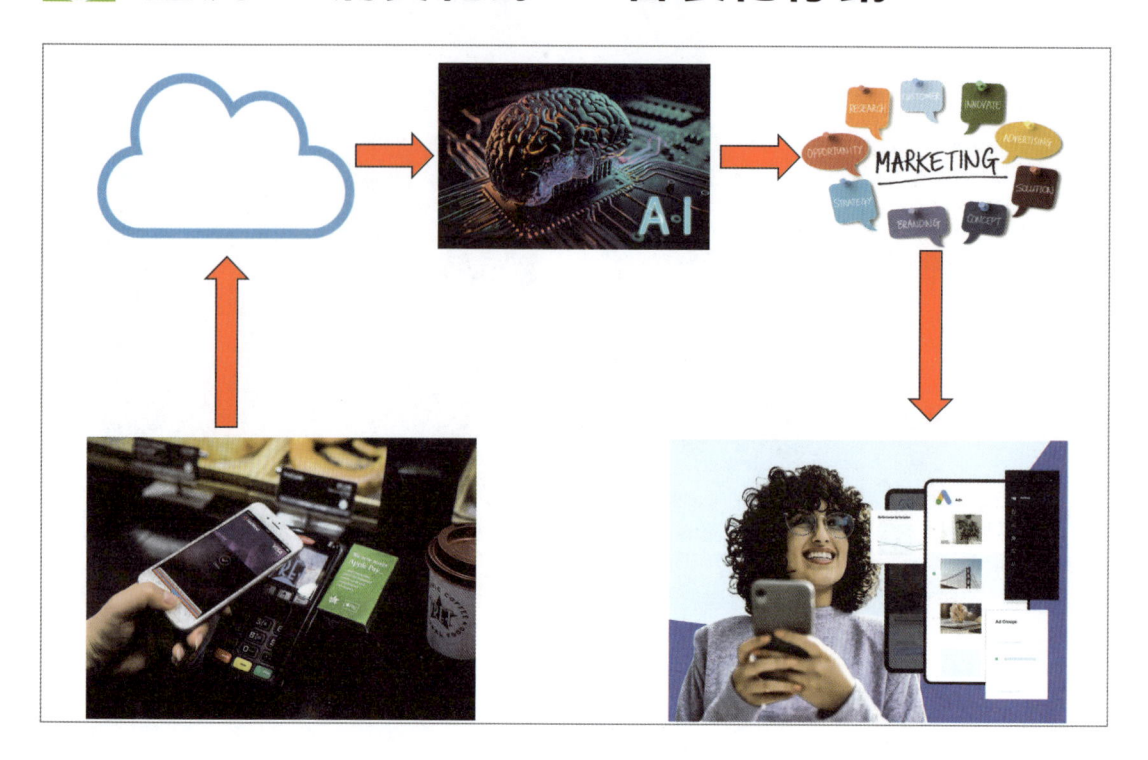

數位支付成為日常之後,所有交易紀錄便進入雲端儲存,然而巨量數據就如同礦山一般,99.99% 的數據就如同無用的砂石,其中只有 0.01% 的數據可被開採出來(猶如鑽石一般珍貴),礦山開採區要大型工具、鉅額資本,而巨量數據的開採(Data Mining)則需要 AI 人工智慧與巨大的算力,才能將巨量數據轉變為有用的資訊。

傳統行銷由於缺乏有效的消費者資訊,因此廣告、DM 大都以「大眾」作為訴求,也就是將 8～80 歲都視為行銷對象,精緻一點的也只能做到「分眾」,例如:上班族、小資族、粉領族、銀髮族,當企業掌握了消費者個人消費之訊後,每一位顧客收到的行銷 DM 將是量身訂製(客製化),以往被視為騷擾的 DM,搖身一變成為貼心的驚喜。

📖 數位經濟

「免費」、「贈品」是多數消費者難以拒絕的，在傳統商務環境下，百貨公司每到周年慶，就看到一堆婆婆媽媽排著長長的隊伍等著兌換「來店禮」，這就是免費的魅力！

進入數位時代後，Cash = Digital = Point，錢就成為銀行帳戶內的一串數字，這些數字就在網路上流過來、轉出去，大幅提高交易效率，並降低交易成本。

在數位時代下，贈「品」轉換為贈「點數」，而點數就如同現金，但只能在自家企業內兌現，因此對於消費者而言，收到了等同現金，對於企業而言，這些等同現金又回到自己的口袋中（肥水不落外人田），根本一毛錢也沒花出去，反而是鼓勵自家的客戶更熱情的消費。

上圖就是 4 種目前國內常用的「點數」回饋行銷手法，多數業者也都競相模仿，因此最後的結果就是各家企業「無差異」，消費者也認為「理所當然」，沒有點數、沒有折扣就不消費了。反觀美國的 Black Friday（黑色星期五）購物節活動，那個折扣數絕對讓消費者激起「瘋搶」的購物衝動，反觀國內企業，老是拿著帳本（計算成本）做活動，怎麼讓消費者感動呢？

消費者個資

超越亞馬遜！Meta 罰款創「嚴格資安保護」5 年新高

從 2020 年起，代表歐盟調查 Meta 的愛爾蘭資料保護委員會指出，Meta 持續將歐盟用戶資料轉移到美國，違反先前歐盟法院的裁決，宣布開罰 12 億歐元、約台幣 400 億，超越電商巨擘亞馬遜在 2021 年遭罰的 7.46 億歐元，刷新歐盟實施嚴格資安保護五年來的新高紀錄。

以下是 Meta 近期的財務資料：

- 2024/10/25 市值 USD$1.44 兆 = 台幣 46 兆
- 2023 年度營收 USD 1,300 億 = 台幣 4,160 億

歐盟的罰款台幣 400 億，乍看之下是一筆天文數，但對於 Meta 這種巨型的全球化企業而言，根本就是九牛一毛：

- 罰款台幣 400 億不到 Meta 市值的千分之一！
- 罰款台幣 400 億不到 Meta 年營收的百分之一！

這不是罰款！這是竊取消費者個資的「合法」規費…

📖 網路詐騙

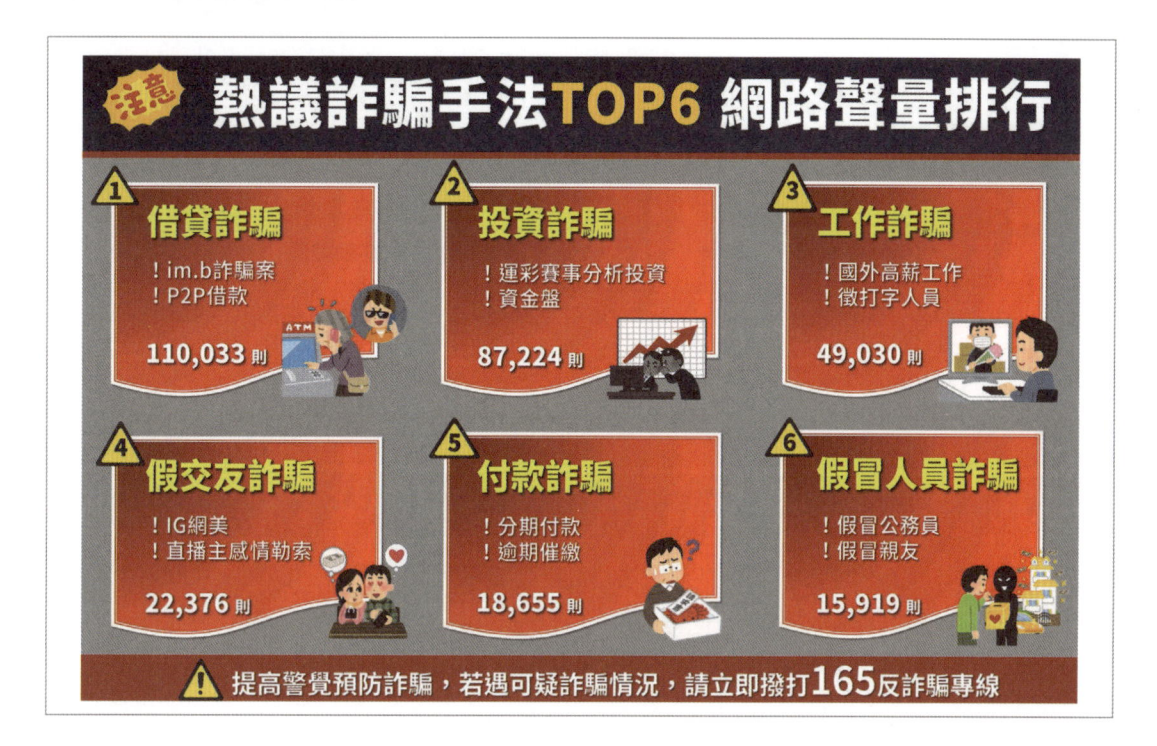

熱議詐騙手法TOP6 網路聲量排行

1. 借貸詐騙：im.b詐騙案、P2P借款 — 110,033 則
2. 投資詐騙：運彩賽事分析投資、資金盤 — 87,224 則
3. 工作詐騙：國外高薪工作、徵打字人員 — 49,030 則
4. 假交友詐騙：IG網美、直播主感情勒索 — 22,376 則
5. 付款詐騙：分期付款、逾期催繳 — 18,655 則
6. 假冒人員詐騙：假冒公務員、假冒親友 — 15,919 則

⚠ 提高警覺預防詐騙，若遇可疑詐騙情況，請立即撥打 165 反詐騙專線

網路詐騙並不是新的「事業」，筆者將網路騙稱之為「事業」，是因為詐騙集團是有組織、有專業、有分工、有投資、有熱情的團隊，要讓人受騙首先必須有好的「劇本」，再來必須有好的「主角」，配合演出的臨時演員也必須嚴格訓練，最後還必須有機靈的車手（負責取款），筆者敢說，多數的合法業者對於企業經營的熱情是比不上詐騙集團的。

隨著科技進步，雖然詐騙的招數雷同，但：

專業化： 由街頭轉入網路，完全掌握受害者個資，充份取信於受害人。

組織化： 從最初2～3人的小團隊，發展成上百人；分工明確的大團隊。

全球化： 為了躲避各地政府追捕，將機房設置於境外，進行跨國網路詐騙。

遭受詐騙的受害者與年齡、性別、教育程度都沒有絕對的關係，最扯的是居然是一堆退休法官也受騙，筆者將上面眾多詐騙案例歸納出 2 個原因：

人心貪婪： 人人企望不勞而獲、天上掉餡餅。

法治失能： 許多受害者在面對警察規勸時，依舊相信詐騙集團的說辭。

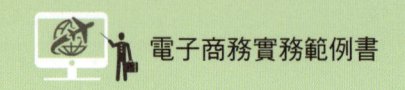

P2P 借貸平台

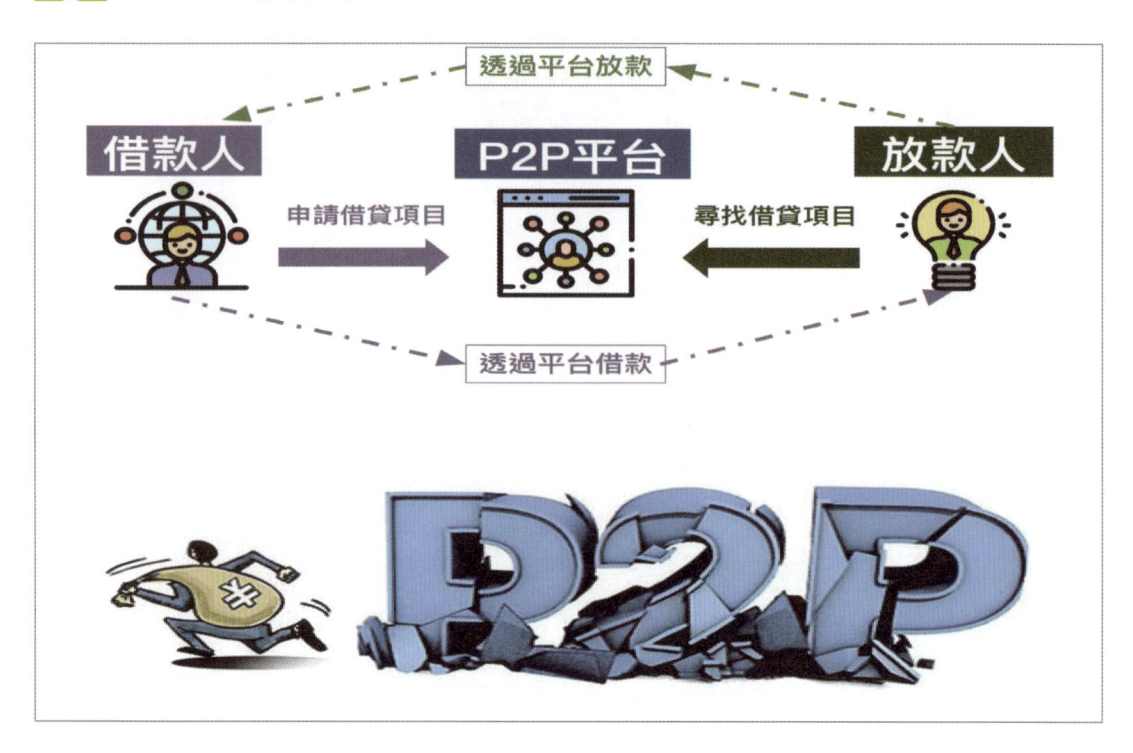

鴻源吸金案

> 1981 年以投資公司名義成立的鴻源機構，藉由提供誘人的高利率，以老鼠會模式經營，非法吸集民間游資近新台幣 1,000 億元，鴻源機構在 1990 年突然倒閉，留下債權人 16 萬人與負債新台幣 900 餘億元的殘局，一時間造成台灣金融體系動盪不安。

以下是網路環境下升級版的非法集資 P2P 詐騙：

A. 詐騙集團假借 P2P 借貸平臺名義，透過投資說明會、理財講座、業務人員話術招攬、Line、臉書、YouTube 等網路社群媒體投資群組、貼文、影片及投放廣告等各種管道及方式，宣傳投資 P2P 貸款致富的故事，並妄稱 P2P 貸款具有高投資報酬率、穩賺不賠，以及運用閒置資金創造被動收入等優點，誘騙民眾投入資金。

B. 詐騙集團的運作方式，是以晚期加入民眾所投入的本金，支付早期加入者之利息報酬，一開始以正常發放利息之方式取信民眾，製造投資獲利的假象，除了引誘民眾持續投入資金，同時吸引更多民眾進入騙局，直到後加入者投入的本金不足以支付利息時，民眾才意識到可能已落入詐騙集團陷阱。

交易安全措施

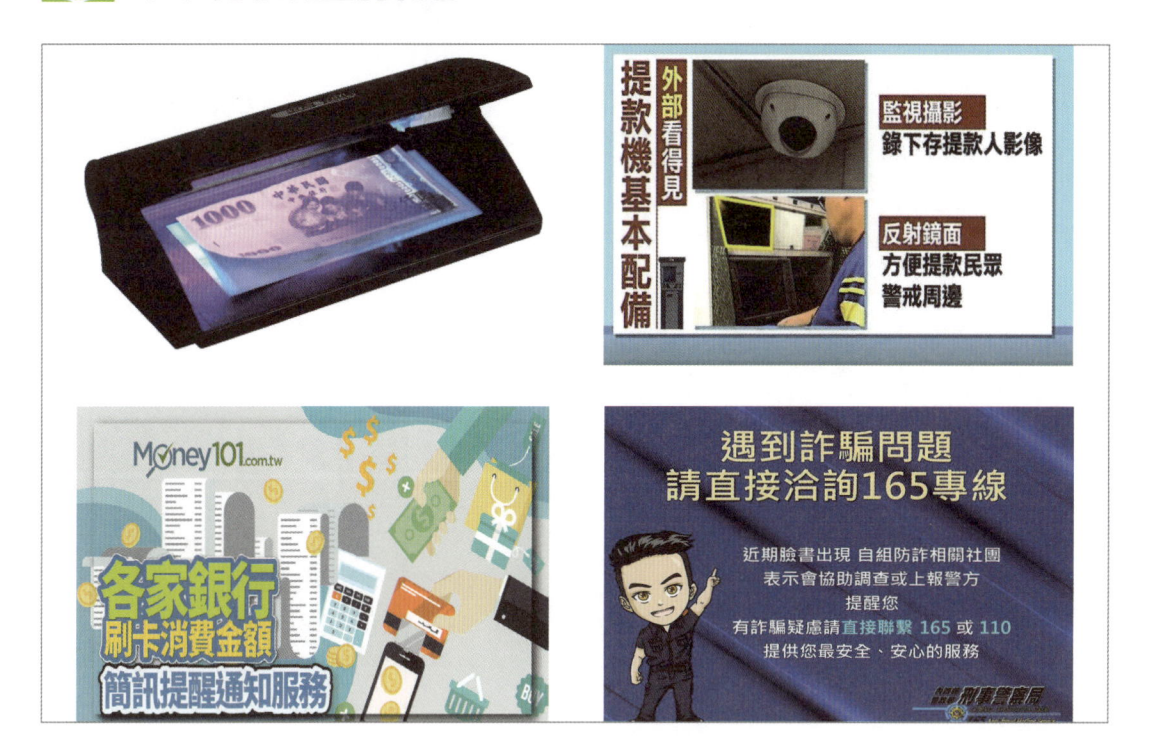

在商業交易中，用來支付的「貨幣」：現金、轉帳、金融卡、信用卡，都可能是偽造或被竊取，對於整體商業發展產生極惡劣的影響，各項因應措施也相應產生，敘述如下：

現金： 偽鈔自古就有：假金錠 → 假銅板 → 假銀元 → 假鈔，目前在台灣幾乎所有店家都自備驗鈔機，收銀人員還必須具備偽鈔鑑定的基本能力。

信用卡： 信用卡最常發生的問題就是被盜刷，顧客以信用卡付款時，收銀機角落隱蔽處安裝了信用卡盜錄機，刷卡過程中信用卡資訊就被截取，不法集團複製出偽卡四處進行消費。目前各發卡銀行都提供刷卡簡訊通知服務，有效降低信用失竊或被盜錄所產生的後續損失。

提款卡： 扒竊集團取得提款卡或信用卡後，前往 ATM 取款是最簡單的方法，目前所有 ATM 機器上方都安裝監控設備，搭配所有重大路口的監控鏡頭，所有到 ATM 機器非法取款的人都無法遁形。

詐騙： 目前銀行對於大額提款都以制定 SOP，櫃台行員一定親切詢問：用途、轉帳對象，一有異狀立即通知警政單位協助。

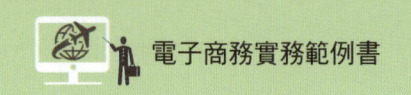

討論：信用對商業發展的利、弊

「信用卡」就是個人消費信用的證明，由發卡銀行來保證付款，發卡銀行根據個人收入、資產條件給予持卡人一定的信用額度，在此額度內持卡人可任意消費，對於商業發展來說必定是好事，因為個人消費增加勢必帶動整體經濟。

在成熟的社會中，發卡銀行受到法規嚴格監管，對於信用卡核定程序較為嚴謹，因此以信用卡「提前」消費可以帶動內需產業，但在不成熟的社會中，銀行為了追求業績，罔顧經營風險，胡亂發卡，甚至鼓勵無還款能力人借款，如此就會造成嚴重經濟危機。

另一方面，各個國家在經濟不景氣時，政府也會大規模舉債投入公共建設，就是為了提振景氣，然而若國家財政失控，政府大量印鈔，將造成通貨膨脹、物價飛漲，最後政府破產，以新貨幣取代舊貨幣，人民財富一夕歸零，各位讀者知道目前我們使用的貨幣「新台幣」為何有一個「新」字嗎？

> 1948 年上海市爆發金融危機，國民政府大量發行貨幣，造成惡性通貨膨脹，中華民國政府在台灣，為解決惡性通貨膨脹問題，實施幣制改革重估幣值，以四萬圓換一圓之比例改換發流通新式貨幣，這就是政府把人民當韭菜割。

習題

(　) 1. 以下哪一個項目是企業取得「顧客交易資料」的最大效益？
　　　(A) 低價行銷　　　　　　　　(B) 分眾行銷
　　　(C) 精準行銷　　　　　　　　(D) 大眾行銷

(　) 2. 以下哪一個項目是全球第一家第三方支付公司？
　　　(A) Visa　　　　　　　　　　(B) Master
　　　(C) BOA　　　　　　　　　　 (D) PayPal

(　) 3. 以下哪一數位支付方式是先享受後付款？
　　　(A) 信用卡　　　　　　　　　(B) 數位錢包
　　　(C) 現金卡　　　　　　　　　(D) 點數

(　) 4. 以下哪一種技術被稱為「近距離傳輸」？
　　　(A) TQC　　　　　　　　　　(B) NFC
　　　(C) QR Code　　　　　　　　 (D) WiFi

(　) 5. 巨量數據的開採除了需要要 AI 人工智慧外，還需要以下哪一個項目？
　　　(A) 財力　　　　　　　　　　(B) 腦力
　　　(C) 算力　　　　　　　　　　(D) 眼力

(　) 6. 在數位時代中，以下哪一個項目與其他 3 個項目不同？
　　　(A) Cash　　　　　　　　　　(B) Digital
　　　(C) Point　　　　　　　　　 (D) Cake

(　) 7. 對於 Meta 違反資訊安全遭罰款的敘述，以下哪一個項目不是正確的？
　　　(A) Meta 受創嚴重　　　　　 (B) 罰金史上最高
　　　(C) 裁罰單位是歐盟法院　　　(D) 罰金為 400 億台幣

(　) 8. 對於網路詐騙的敘述，以下哪一個項目不是正確的？
　　　(A) 全球化　　　　　　　　　(B) 區域化
　　　(C) 專業化　　　　　　　　　(D) 組織化

(　) 9. 對於 P2P 借貸平臺的敘述，以下哪一個項目是正確的？
　　　(A) 高投資報酬　　　　　　(B) 銀行擔保
　　　(C) 就是詐騙　　　　　　　(D) 穩賺不賠

(　) 10. 對於信用卡的敘述，以下哪一個項目不是正確的？
　　　(A) 可以預借現金　　　　　　(B) 先消費後付款
　　　(C) 銀行提供簡訊提醒的服務　(D) 遭盜刷持卡人負完全責任

(　) 11. 對於信用卡的敘述，以下哪一個項目不是正確的？
　　　(A) 是振興經濟的萬靈丹　　　(B) 可以促進內需消費
　　　(C) 有可能造成金融危機　　　(D) 有可能造成個人信用破產

CHAPTER

6

虛實整合

「**電**子商務將會取代實體商務？」是個假議題，就如同數位貨幣雖然很方便，但並沒有取代實體貨幣，而是以「多元支付」的方式互相搭配，讓整個市場運作更有效率。

O2O 虛實整合談的就是電子商務與實體商務的協同運作，所謂的「電子」指的是：自動化、網路通訊、大數據，在實體商務中，若加入「電子」，將產生以下效應：

供應鏈資訊整合：

供應鏈上所有企業資訊快速流動、即時分享，每一個環節都可以精準控制庫存，對於庫存管理與確保生產流程順暢產生莫大的效益。

智慧物流系統：

原物料、成品的調撥不再根據即時的訂單需求，而是根據大數據進行預測，精準的提前調撥，便會降低缺貨的情況，更可以大幅降低客戶等候商品的時間，因此目前都會區的網路購物，可以提供 4 小時到貨的超級服務，消費者更可以線上查詢郵寄或網購商品目前所處的地點、以及預估到貨時間。

📖 新零售的內涵

```
        價格
        更低
              新
  產品          品類
  更好  零售    更多
        速度
        更快
```

19世紀 → Sears：郵購

20世紀 → Walmart：大賣場

21世紀 → Amazon：電商

2016 → Alibaba：新零售

「新零售」是馬雲在 2016 年所喊出的新願景，其實每一個時代都在不斷的創新商務模式，如上圖所示：

19 世紀： 當時的商業巨擘 Sears 百貨發明了郵購目錄，人們就開始了在家使用電話訂購商品的新商業模式。

20 世紀： Walmart 在全球尋找物美價廉的供應商，將生產全部移往海外，大幅降低商品價格，也開啟了全球分工的時代，Walmart 也成為目前零售產業的霸主。

21 世紀： 藉由 Internet 的普及，電商始祖 Amazon 開啟了網路購物的時代，Anytime、Anywhere、Any product 的購物便利騰空出世。

「新零售」就是傳統電子商務的進階版，主要的做法就以消費者服務為中心，進行供應鏈整合，並以智慧物流提供高效的配送服務，最終為消費者提供以下 4 個核心效益：價格更低、品項更多、速度更快、產品更好。

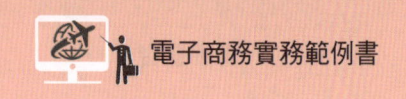

📖 智慧物流

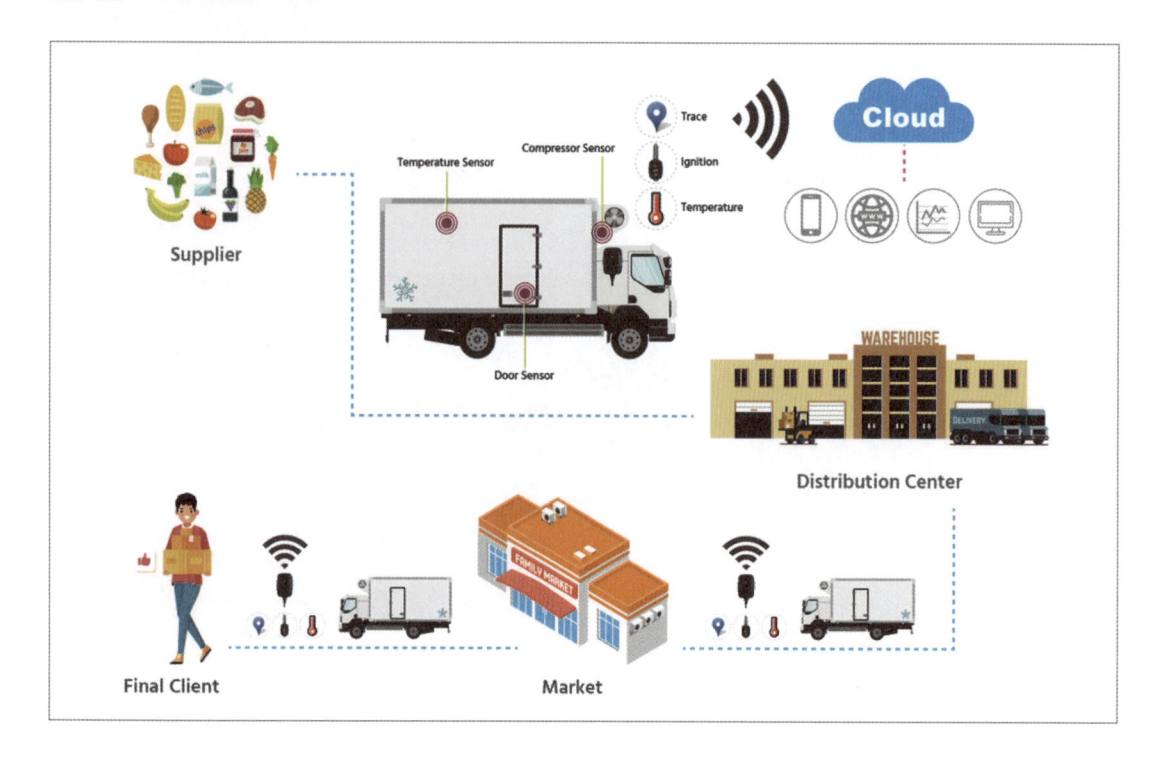

在物聯網技術的加持下，物流產業的發展可說是突飛猛進，我們就以配送品質要求最高的冷鏈物流（生鮮物流）加以說明：

工廠： 產地採收（農產品）、生產（加工品）、宰殺（肉類）後，必須先進行溫度控制，然後轉移至客戶倉儲。

冷凍倉儲： 供應商大量進貨後，商品會先進入冷凍倉儲，等待訂單出貨。

溫控車輛： 商品在各個倉儲間轉移時，配送的車輛必須有嚴格的溫度控制。

門市貨架： 商品進入賣場後，各個陳列商品的貨架（冰櫃、冷藏櫃）也必須提供嚴格的溫度控制。

為了維持「生鮮」，整個物流過程都必須對溫度進行「持續」的監控，因此在商品在工廠、倉庫、物流車、賣場之間的移轉，都必須進行嚴格的進、出管控，因此在每一個（每一批）商品上貼上條碼或 RFID（無線射頻標籤），更在物流車上建置 GPS 衛星定位，以嚴格追蹤商品的狀態。

一旦生鮮商品的品質管控出問題，對於任何企業或賣場都將是致命的經營危機！

📖 物流奇蹟

四大便利商店店數

- Hi-Life 萊爾富：1590
- OKmart：850
- FamilyMart：4260
- 7-ELEVEN：7000

14,000物流據點

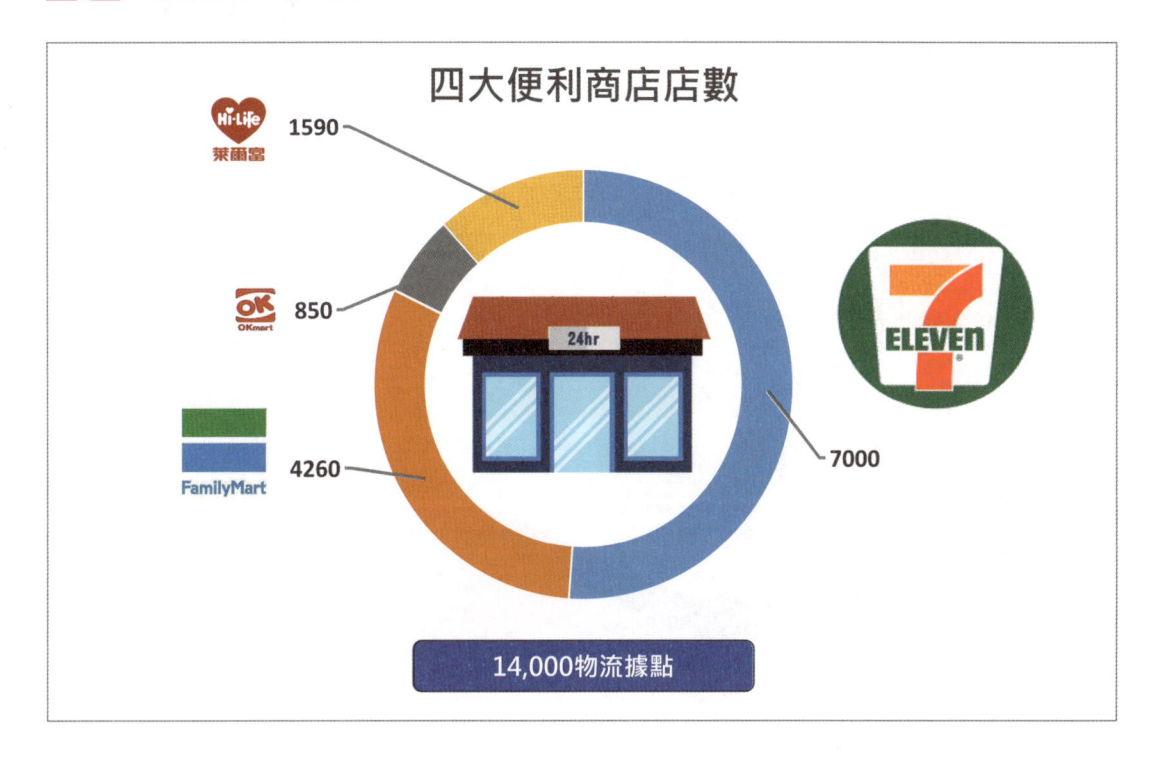

臺灣地小人稠，尤其是整個西部海岸線，這樣的環境提供實體商務絕佳的發展條件，因為人潮便是錢潮。

台北的便利商店可謂是 3 步一家，因為有超高的人口密度，因此可以支撐每一家便利商店的業績，也因為實體商店的發達，因此延遲了台灣積極導入電子商務的時程，因為沒有迫切的需要。

如今台灣算是全面進入電子商務時代了，全台 14,000 家的便利商店更成為電子商務進步的重大推手，因為綿密的物流點是虛實整合的關鍵成功因子，14,000 家的便利商店便是 14,000 個物流點，每一個物流點都提供：「收」、「寄」包裹服務，若把近期加入戰場的蝦皮智慧店納入，那全台就將近有 2 萬個物流點。

便利商店內的「生活便利站」（7-11：iBon、全家：Famiport），提供各種稅費繳納、票券販售、⋯，更是電子商務中「虛實整合」的具體落實。

中國積極推行電子支付的關鍵因素之一就是「現金」取得不易，民眾提款非常不便利，因為銀行的營業處不夠多，提供 ATM 領取現金的場所不夠普及，對照台灣的環境所有便利商店、賣場、商圈都提供 ATM，這也是推行「多元」支付的基石。

📖 行動商務

有網路的地方就可以「辦公」、「洽公」，有手機、平板、筆電就可以製作文件、完成訂單、線上會議、…，行動商務經過 COVID-19 的洗禮已經徹底融入生活中。這個單元要介紹的是「無店面」經營的新創案例，因為在服務行業中黃金店面的租金費用高漲，另一方面客戶的時間越來越珍貴，底下就以「行動修車」作為解說範例：

當車輛需要進行維修或保養時，車主必須將車開進維修廠，來回及等待時間相當可觀，因此所有維修廠都提供舒適的環境與飲料服務，希望降低客戶等待的無奈，但無法解決「時間浪費」的問題，因此行動修車業務便應運而生，具體做法如下：

A. 車主上班時將車停於適當的停車場，將位置發給修車廠，修車廠派出行動維修車至停車地點。

B. 修車人員與車主取得聯繫，車主遠端解鎖車輛，維修人員現址進行維修。

C. 維修完成後，修車人員與車主取得聯繫，鎖車後離去，車主下班開車回家。

起碼 2 個小時客戶的寶貴時間省下來了，這就是行動商務的實際效益！寵物美容業也正以同樣的模式興起中…。

無人商店

都會區高度發展後,「店租」與「薪資」成為商店經營的重大成本,因此實體商店的發展便朝向:無人化、小型化,以下便利用科技所產生的創新變革:

自動販賣機: 目前被設置於各類的公共場所,販賣的商品玲瑯滿目,隨著科技的進步,付款方式也產生變革:實體貨幣 → 數位支付,業者便直接與消費者建立直接通路。

無人情趣商店:「消費者隱私」是情趣商店的產業特質,採用 24H 無人經營,除了降低經營成本之外,還會提高顧客進店參觀的意願。

無人照相亭: 當智慧手機提供高畫質拍照功能後,照相館就一家一家倒閉了,然而「證件照」還是市場的剛性需求(目前),無人照相亭擺放在人流密集的場所,搭配 Google 搜尋便可快速找到服務點,效益:收費更低、利潤更高,是一個 Win-Win 的創新方案。

無人 KTV: 都會高度發展後,人際關係疏離了,生活壓力變大了,一個人如何紓解壓力呢?在家高歌會被舉報擾鄰,公園亂吼會被警察帶走,一個人去傳統 KTV 消費太高,無人 KTV 讓人以銅版價格用力釋放壓力。

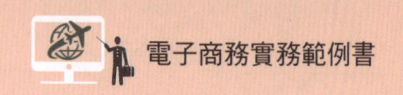

室內定位技術：iBeacon

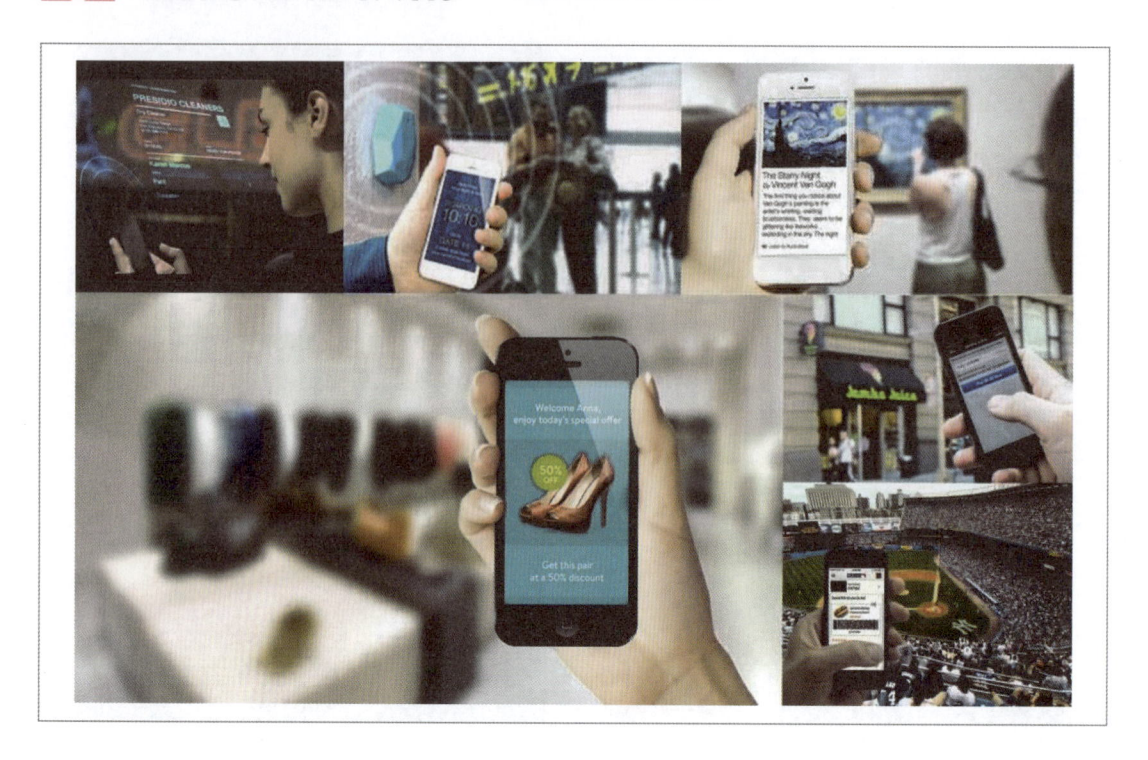

傳統賣場中，售貨員總是站在店門口招呼路過行人、發 DM，或在店內詢問顧客需要進一步服務嗎？這樣的做法常常帶給顧客莫大的壓力，藉由 iBeacon（蘋果電腦研發的室內定位技術）的推出，攜帶手機的顧客每走到一個商店外，便可收到商店所發出的訊息：特惠商品、新品到貨、…，藉由大數據資料庫的協助，這些訊息還可對每一客戶量身訂製，比一般售貨員更認識、了解客戶需求。

這樣的技術也被廣泛應用於公共場所，提供路徑指示的服務，例如：車站、機場商場、球場，以大型國際機場為例，由櫃台 Check-In 開始到登機門，可能需要 10~20 分鐘的路程，沿途彎彎繞繞又得中途停下購買免稅商品，常常發生迷路的狀況，有些旅客逛 Duty Free Shop 時甚至會忘了登機時間，傳統做法便是由航空公司人員拿著大聲公或透過廣播系統四處找人，很明顯的，這種作法效率不高，透過 iBeacon 技術，催促旅客登機的訊息可直接發至當事人手機，大幅降低機場工作人員工作負荷。

iBeacon 整合商務

1. 吸引店外客人
2. 店內留住客人
3. 既有客戶行銷
4. 熱點管理
5. 精準行銷
6. 回客管理

iBeacon 的應用是多元的，搭配企業資訊整合系統，可提供以下整合商務創新方案：

1. 引客：以優惠、特價訊息將店外的行人，吸引到店內，成為顧客。
2. 集客：在顧客所在的產品區發送精準的特惠商品訊息，吸引店內顧客的注意，並即時選購商品。
3. 拉客：根據顧客的歷史購物紀錄，在賣場中發送精準商品、優惠方案。
4. 根據 iBeacon 蒐集的資料庫，分析客戶在賣場內：移動的路徑、停駐的時間、購買金額，重新修正賣場的動線規劃，品牌、商品的配置。
5. 以完整的客戶資料為基準，作量身訂製的客戶服務，搭配各式各樣的集點、優惠方案，吸引顧客再次上門。
6. 一個舊客人的價值抵得過十個新客人，完整的服務紀錄，是下一次服務的最重要參考。

便利生活

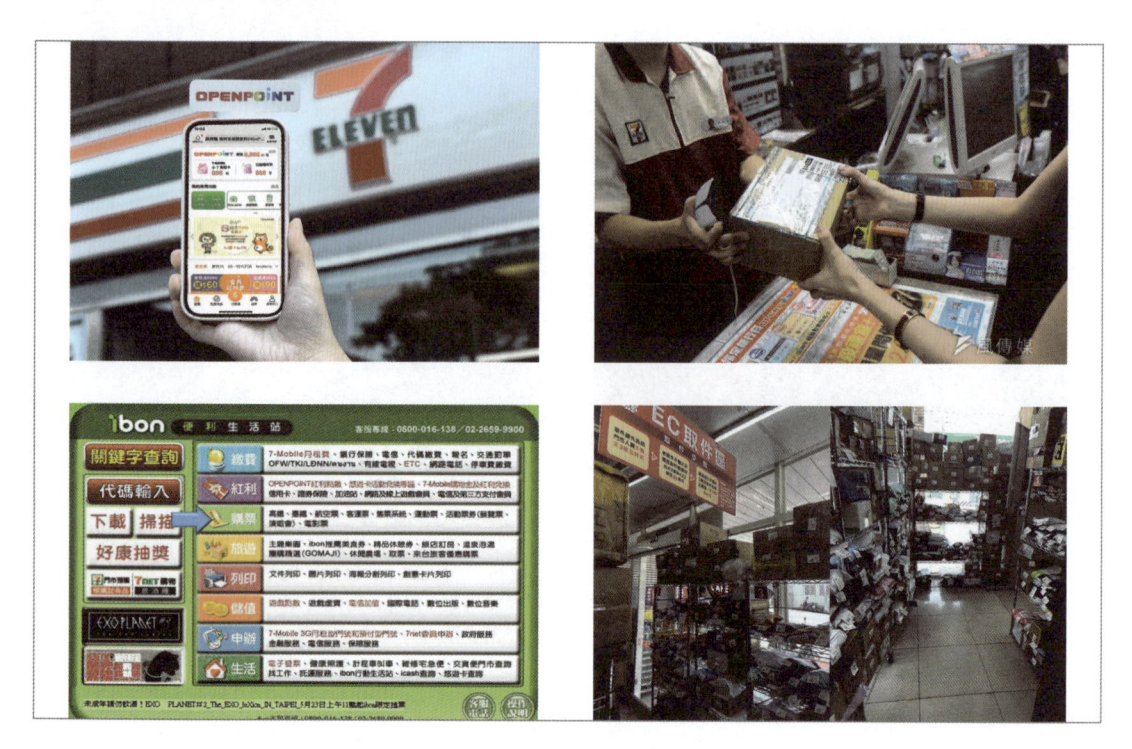

台灣的便利商店稱得上是全球最佳的「虛實整合」成功案例，成功的背後包含以下 3 個必勝絕殺技，也是其他國家地區難以複製的：

經濟：台灣經濟發展正由「開發中」轉入「已開發」的過程，消費習慣逐步由「實體」轉入「線上」，日常支付也逐步由「現金」轉變為多元支付：手機、現金卡、數位支付、⋯⋯。

環境：台灣地狹人稠，人口密度極高，街道巷弄內 3 步一家店，實體購物、提取現金都太方便了，因此電子商務在台灣早期發展並不順利，但在激烈的市場競爭下，實體商店延伸了「金流」、「物流」、「資訊流」的服務，對消費者提供「Super」+「Convenient」的服務（超級便利商店），企業更提高營運效率，是一個 WinWin 的結果。

科技：台灣號稱是一個資訊科技島，電子、通訊、網路都是台灣產業的主軸，因此在發展電子商務的過程中，硬體、軟體、通訊基礎建設都相當完備，台灣的 150 所大學更提供源源不絕的技術人員、工程師。

📖 Amazon：電商之王

Amazon 神一般的企業！

- 🔴 網路購書起家，卻研發電子書改變消費者購書、閱讀習慣。
- 🔴 電商始祖卻併購實體生鮮超市（Whole Foods Market）400 家。
- 🔴 全世界電商第一名，卻投入研發無人商店，預計展店 3,000 家。

所有這一切，都是出人意表，讓所有競爭者瞠目結舌！

電子書：

網路上賣實體書只能說是半調子電子商務，但靠著網路賣書成功的 Amazon 並不滿足於現狀，將書籍轉變為資訊產品，透過電子書的研發改變消費者的閱讀習慣，並改變出版產業的營運模式。在網路上賣書是沒有技術、資金門檻的，任何網站都可模仿並取代，但電子書的研發需要資金、技術與時間，一旦取得領先位置就不易被複製，Amazon 雖然是一個成功的企業，卻隨時居安思危，以今日的成功來取代昨天的自己，這也是 Amazon 不斷進化的 DNA！

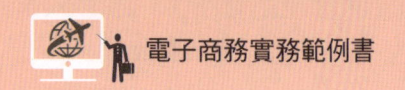

Walmart：門店霸主

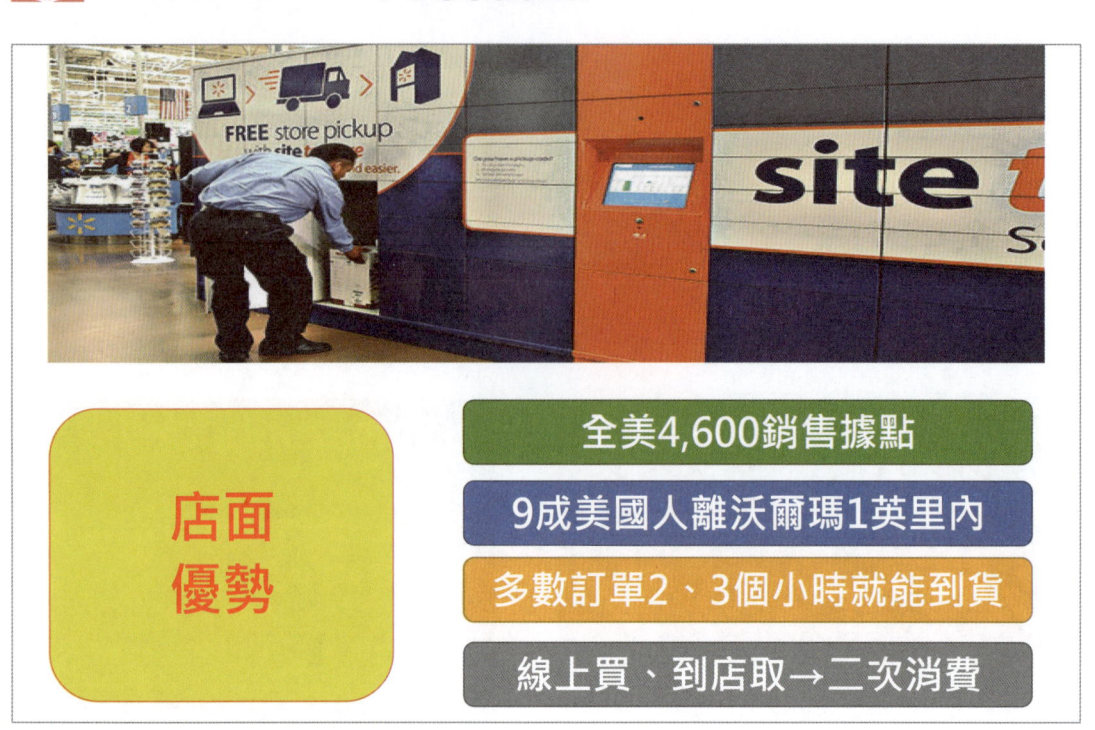

店面優勢
- 全美4,600銷售據點
- 9成美國人離沃爾瑪1英里內
- 多數訂單2、3個小時就能到貨
- 線上買、到店取→二次消費

Amazon 以電子商務起家，併購 Whole Foods 連鎖生鮮超市，除了完成 O2O 整合外，更是著眼於實體物流點的建構，因為電子商務核心競爭力在於物流配送效率。

Walmart 在全美國有 4,600 銷售據點，90% 居民住所距離 Walmart 商場不到 1 英里，以美國人幾乎家家戶戶都開車的情況下，一英里的概念就等同是隔壁，因此大多數的訂單都能在 2～3 小時內配送至消費者家裡，或讓消費者到住家附近的 Walmart 賣場取貨，這樣的物流優勢是新創電子商務公司短期內無法望其項背的。

同樣的，Walmart 由實體商務起家，也大規模開展網路訂單服務，完成 O2O 整合，更利用「線上訂購→到店取貨」的策略，促成 2 次消費，算是一個非常成功的行銷策略！這跟台灣的連鎖便利超商發展有異曲同工之妙呢！

屹立不搖：好事多 Costco

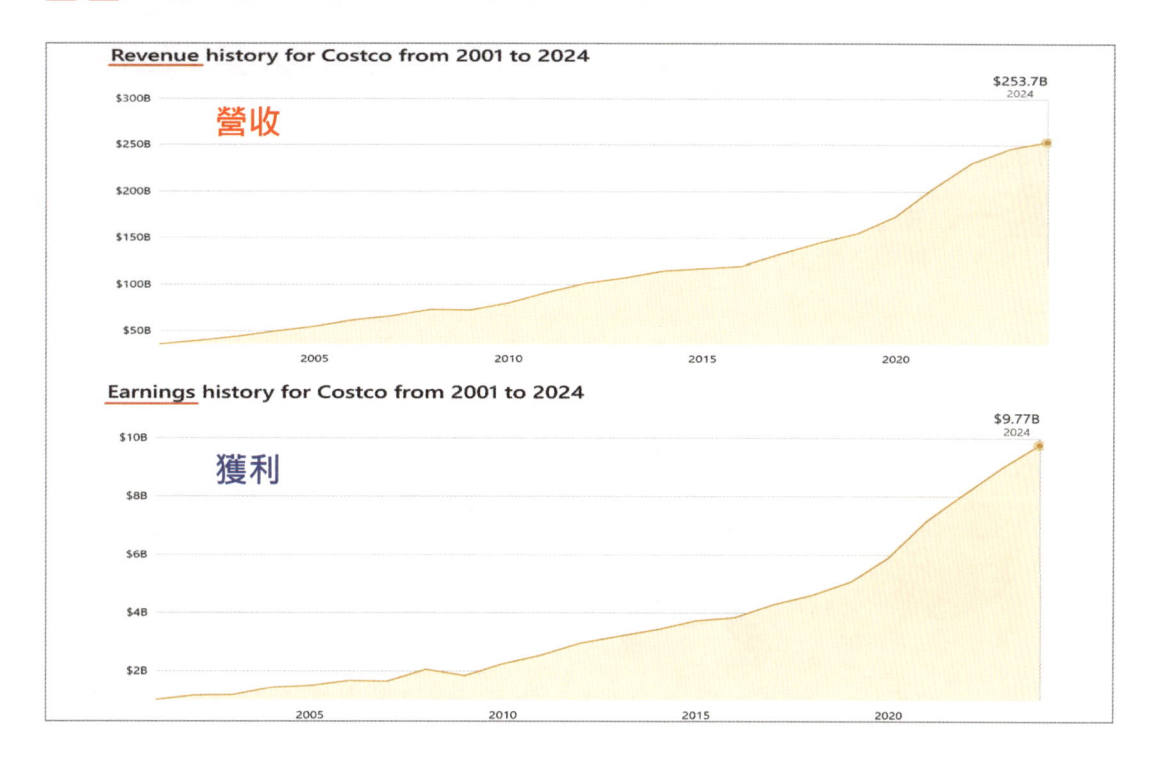

Revenue history for Costco from 2001 to 2024
營收 $253.7B 2024

Earnings history for Costco from 2001 to 2024
獲利 $9.77B 2024

消費者的需求是多面向的！例如：明明已經吃得很飽了，卻可以再吃下一整盤的甜點，據說這叫做「第 2 個胃」！電子商務雖然提供消費者便利的購物，但不代表消費者只有「便利」的需求。

實體購物大廠 Costco（好事多）就是在電子商務浪潮下屹立不搖的企業，因為 Costco 堅信：「物美價廉」是消費者喜好的不變鐵律，因此在商品篩選及價格管控上不遺餘力，因此一到假日，整個賣場就擠得水洩不通。

由上面的數據、圖表可看出，Costco 完全不受電子商務崛起的影響，不斷地向上成長，因此掌握消費者的需求就是王道，電子商城、實體商場各以不同的面向滿足消費者需求！

Costco 賣場更提供以下情境：

全家購物：便利的停車空間、CP 值超高的簡易餐點，因此假日人滿為患。

輕鬆購物：無理由、無時間限制、簡易程序的退貨政策，因此購買時毫無壓力。

全通路

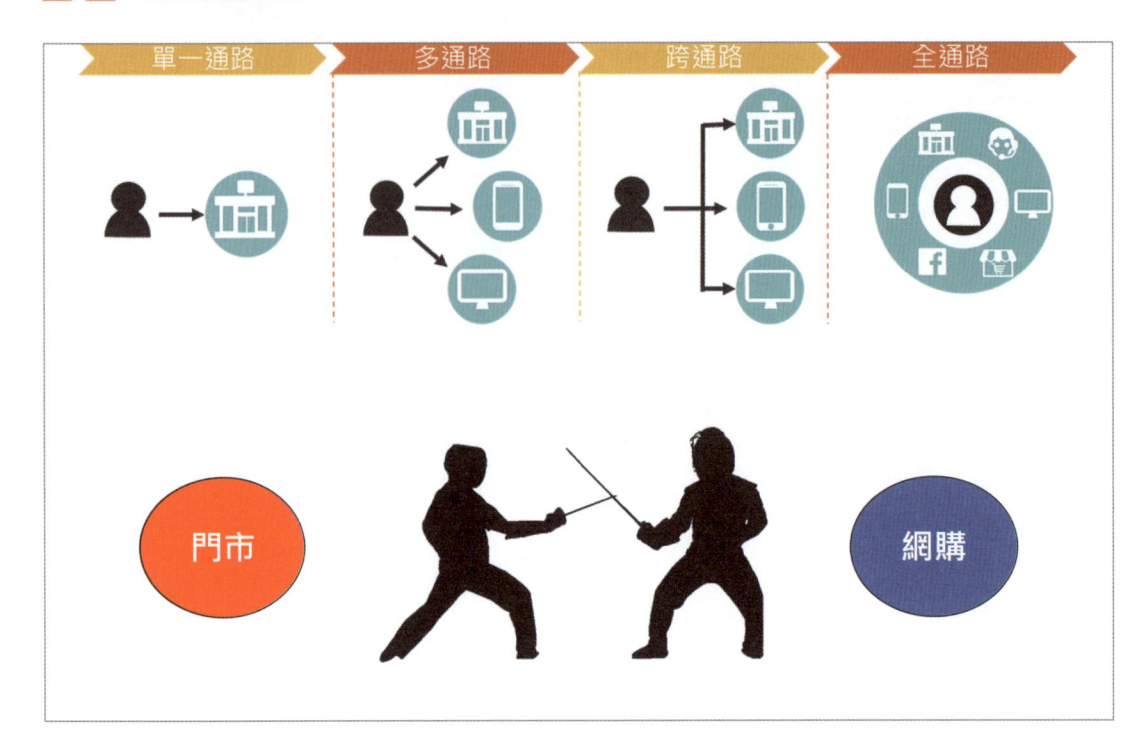

單一通路（Single-Channel）：

單店或純網路商店，消費者只有單一通路可以取得商品或服務。

多通路（Multi-Channel）：

提供不同消費者不同消費渠道，不同渠道之間獨立經營，例如：某一公司有門市營業部、網路商城營業部，各自負擔業績份額，業績獎金獨立計算，因此對於客戶也沒有整合服務的概念。

全通路（Omni-Channel）：

有一位小姐在百貨公司的專櫃買鞋，現場都沒看到喜歡的。於是，店員拿著平板電腦向她展示一雙店裡缺貨的鞋子。那位小姐立刻上網查看網友穿那雙鞋的照片跟評價後，她當場付錢，請店員調貨。整合商務（Unified-Commerce）：從線上到線下，提供消費者整合性資訊與服務，更根據客戶的歷史交易紀錄，提供商品、服務建議與優惠交易條件，強化客戶關係管理。

📖 體驗店

在傳統商務中，店面就是營業場所，就是用來創造業績的，因此店面內的人員被稱為「銷售」，他們的薪資也跟業績緊密相關，所以當消費者上門時，銷售人員總是緊跟其後，甚至以壓迫方式推銷商品，而消費者在購買前也常常會有殺價行為，因為不殺價就像是被坑了！這樣的交易過程，對於廠商的信譽、品牌價值產生極大傷害。

「純」電子商務出現後，買東西上雲端，消費者面對單一廠商時，都是公開透明的統一定價，因為沒有「人」的介入，因此也沒有「殺價」的選項，此時「體驗店」出現了，這是一個提供服務的實體店面，裡面的工作人員被稱為「服務」，他們的薪資固定、績效來自於消費者的「評價」，在沒有業績壓力下，便可以快樂的服務消費者。

筆者目前感受到最佳服務品質的體驗店是：Apple Studio、TESLA，提供消費者純粹的商品體驗場所，解答各種疑問，若有需求直接上網購買或找經銷商，在美國的 TESLA 體驗店，居然提供將車開回家進行「數日」體驗的服務，真是貧窮限制了我的想像，有人會提出疑問：「撞車了怎麼辦…」，所有試開的車輛都有購買保險，沒什麼好擔心的！

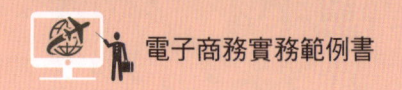

產品安裝與服務

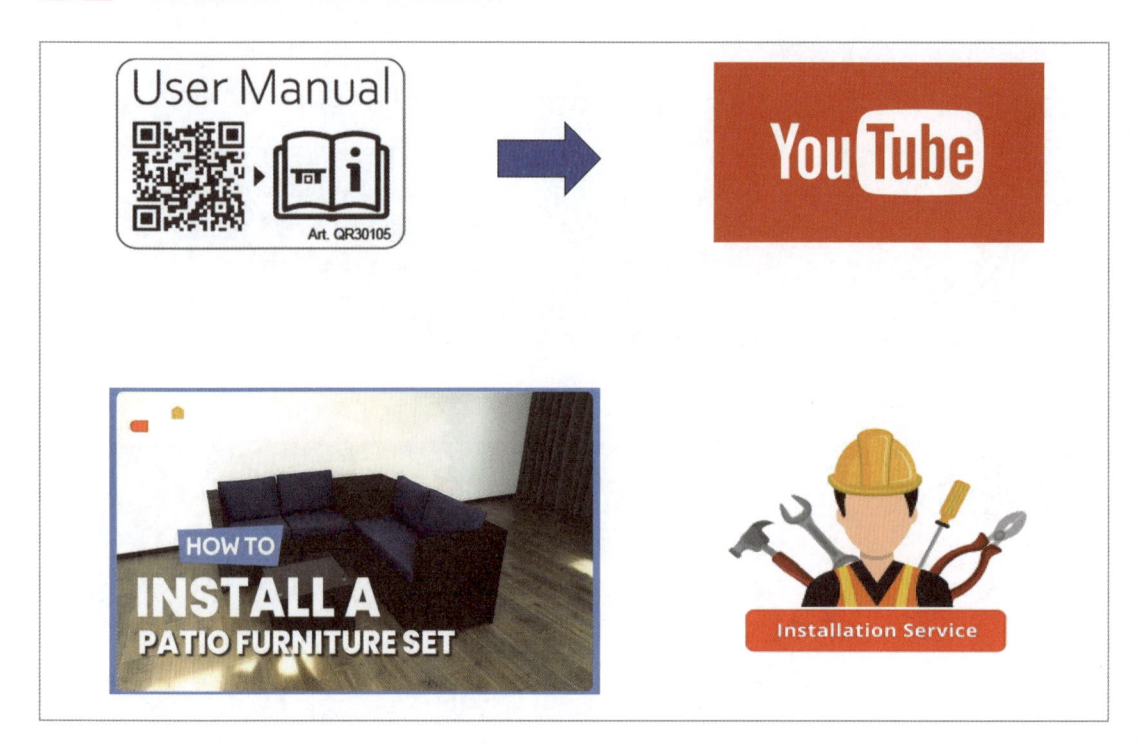

在實體店中購買商品時，一般都會搭配相對應的服務，例如：買沙發，就會安排：貨運到家、沙發組裝服務，這些服務早期包含在商品售價中，目前由於資訊透明，消費者可以輕易地進行比價，因此大多採取「商品」、「服務」分離、公開定價方式。

到了線上購物環境下，消費者的選擇就更為明確了，運送方式、運送時間、配件選擇、組裝服務、⋯，每一個項目都有價格與詳細說明，銷售公司將這些售後服務全部外包給配合的專業公司。

在台灣人力相對便宜，請師傅進行維修、安裝作業方便又便宜，因此多數台灣人是無法自行處理「水」、「電」問題的，但在人力極為昂貴的歐美國家，請一個師傅上門起跳價便是 $100（美元），因此多數人都具備家庭基本維修技能，而 YouTube 更是提供教學影片的最佳場所，在台灣生活時，我無法體驗 YouTube 的真實價值（就是娛樂用途），到了美國換 2 套水龍頭（流理臺 + 浴室）居然花了 $800 美金，是誰說「工」字不出頭的！

習題

( ) 1. 以下哪一個項目是電子商務中「虛實整合」的英文縮寫？
  (A) P2P   (B) O2O
  (C) C2C   (D) B2B

( ) 2. 有關新零售的敘述，以下哪一個項目不是正確的？
  (A) 價格更低   (B) 產品更好
  (C) 毛利更高   (D) 項目更多

( ) 3. 「物聯網」指的是以下哪一項技術？
  (A) Internet   (B) Cloud
  (C) IOT   (D) MRP

( ) 4. 以下哪一個產業最需要冷鏈物流？
  (A) 生鮮食品業   (B) 服飾業
  (C) 畜牧業   (D) 雜貨業

( ) 5. 以下哪一項因素，不是台灣導入電子商務時程較為落後的原因？
  (A) 發達的實體商務   (B) 科技落後
  (C) 立法延宕   (D) 不合時宜的法規

( ) 6. 以下哪一個項目是便利超商對台灣發展電子商務最大的貢獻？
  (A) 生活便利   (B) 物美價廉
  (C) 綿密的物流點   (D) 便利的咖啡

( ) 7. 以下哪一個項目是「行動商務」創造的最大效益？
  (A) 省錢   (B) 省事
  (C) 省心   (D) 省時間

( ) 8. 以下哪一種無人商店的消費者最在意個人隱私？
  (A) 情趣用品   (B) KTV
  (C) 販賣機   (D) 照相亭

( ) 9. 「以優惠、特價訊息將店外的行人，吸引到店內，成為顧客」指的是以下哪一種作用？
  (A) 拉客   (B) 引客
  (C) 回客   (D) 集客

(　) 10. 以下哪一個項目是本書認為台灣發展「虛實整合」商務的最佳案例？
　　　(A) 網路市集　　　　　　　　(B) 電視購物
　　　(C) 便利超商　　　　　　　　(D) 社區醫療

(　) 11. 電子書是哪一家企業創新研發的產品？
　　　(A) Google　　　　　　　　　(B) Facebook
　　　(C) Sony　　　　　　　　　　(D) Amazon

(　) 12. 以下哪一個項目是 Walmart 最強的競爭優勢？
　　　(A) 龐大數量的實體賣場　　　(B) 網路技術
　　　(C) 企業規模　　　　　　　　(D) 資金雄厚

(　) 13. 以下哪一家企業的業績成長完全不受網路購崛起的影響？
　　　(A) Walmart　　　　　　　　 (B) Costco
　　　(C) Target　　　　　　　　　(D) Circuit City

(　) 14. 以下哪一個項目是「全通路」的英文？
　　　(A) Single-Channel　　　　　(B) Multi-Channel
　　　(C) Omni-Channel　　　　　　(D) Unified-Commerce

(　) 15. 以下有關「體驗店」的敘述，以下哪一個項目不是正確的？
　　　(A) 提供產品諮詢　　　　　　(B) 提供商品體驗
　　　(C) 店內主要是服務人員　　　(D) 服務人員有銷售獎金

(　) 16. 以下哪一個項目是本書中提到，最佳「家庭設備維修技能」教學影片網站？
　　　(A) YouTube　　　　　　　　 (B) Google
　　　(C) Facebook　　　　　　　　(D) Instagram

CHAPTER

7

社群經營

耳相傳的時代，好事、壞事都可以：一傳十、十傳百」…，但由於距離限制，了不起就是十傳百，後來使用電報、電話縮短人與人的距離，但對於訊息的傳遞還是屬於半自動，如今使用使用網站、行動裝置，透過各式各樣的社群網站、APP 將所有人即時串聯起來，人際關係形成一個大網絡，所有訊息暢通無阻，而且是即時的！

「有人潮就有錢潮」是商場上不變的鐵律！通訊、網路、APP 將人串連起來後可以產生什麼效益呢？

人湊在一起當然就會聊是非，往好的方向就會產生以下的發展：

- 聊是非 → 分享生活經驗 → 分享好東西 → 商品推薦 → …
- 沒錯！人湊在一起就方便搞行銷了！
- 社群的重點在於「群」：一個包含共同性質的組合，例如：同學、親戚、同事、社團、同鄉、…，這樣的「群」體就容易產生共同的需求，正所謂物以類聚，就是分眾行銷的精準目標。

📖 社群平台

目前社群媒體有 4 種主要經營型態：網站、微網誌、行動社群、打卡服務。

台灣人口少、市場小，市場上很容易接受外來商品、服務、文化，本土企業在缺乏資金、人才與國家政策支援的情況下，很難獨立開發系統與外商作競爭，因此台灣的軟體產業發展、社群媒體發展也都一面倒的使用舶來品：

Facebook：臉書，是全球使用率最高的社群網站。

LINE： 是韓國發展的社群通訊軟體，也是台灣人的最愛。

中國有 14 億人口，對於通訊、社群有嚴格的管制與監控，大型國際軟體公司如 Google、Facebook 都因為個資法保護的堅持，無法進入中國發展，因此筆者一進入中國地區工作，LINE、Facebook 就無法使用，龐大的人口加上制度的保護，中國的社群通訊培養出許多世界級的企業，其中騰訊就是最大的巨獸，聊天、聽音樂、看影片、電子支付、玩遊戲、…，全部都是騰訊，目前騰訊是在香港掛牌上市。

📖 前 10 大社群平台

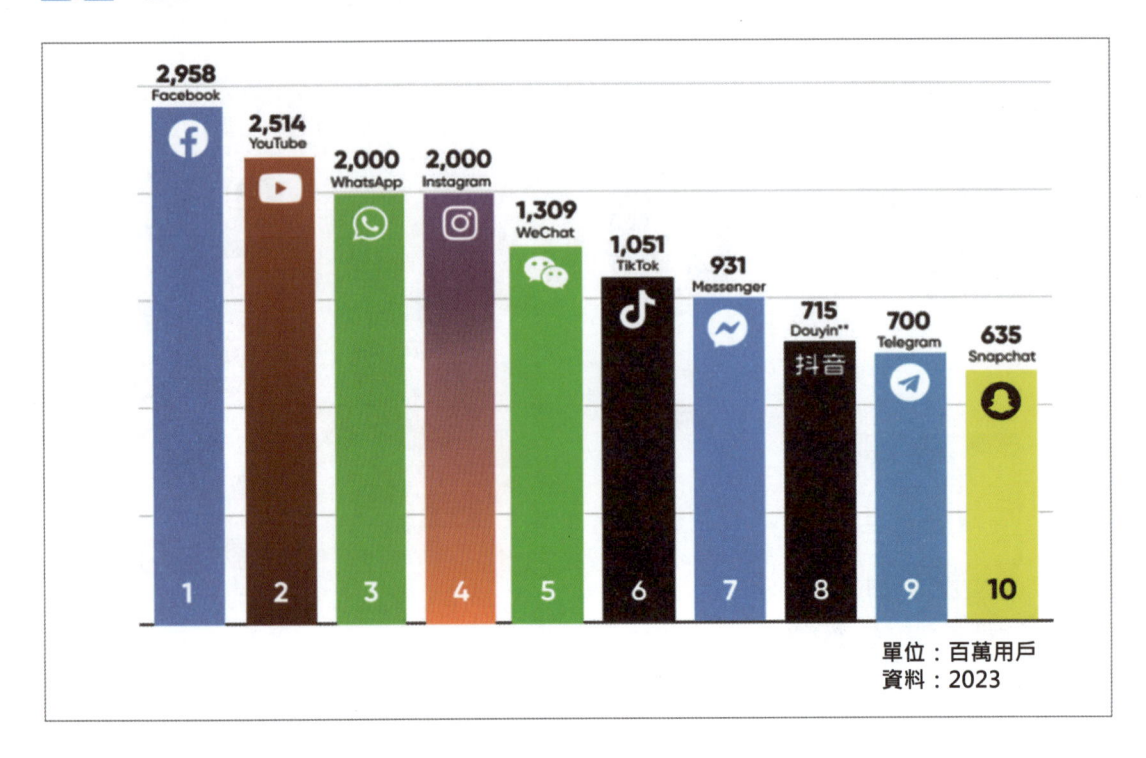

排名	平台	用戶數(百萬)
1	Facebook	2,958
2	YouTube	2,514
3	WhatsApp	2,000
4	Instagram	2,000
5	WeChat	1,309
6	TikTok	1,051
7	Messenger	931
8	Douyin（抖音）**	715
9	Telegram	700
10	Snapchat	635

單位：百萬用戶
資料：2023

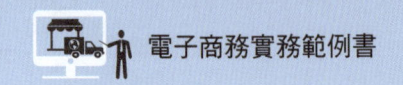

上圖示 2023 年統計全球前 10 大社群平台，看似獨立品牌但事實上由各大集團壟斷：

META： Facebook（臉書）的母公司，旗下擁有社群軟體：

第 1 名的 Facebook：以文字為主的社群，用戶年齡偏高。

第 3 名的 WhatsApp：智慧手機通訊軟體。

第 4 名的 Instagram：以影音圖片為主的社群，用戶年齡較低。

Google： 第 2 名 YouTube 的母公司。

騰訊： 第 5 名 WeChat（微信）的母公司，主要應用群體為中國。

字節跳動：第 6 名 TicTok 的母公司，雖然是中國企業，但應用群體遍布全球。

Microsoft：第 7 名 Messenger 通訊軟體的母公司。

除了中國之外，整個社平台幾乎被美國科技巨頭所壟斷，為何這些巨頭都要在要搶下這個市場，因為有了社群就擁有通路，就掌握主動行銷的通道，可隨時與消費者產生互動。

全球通訊軟體排名

資料：2024

WhatsApp	Messenger	WeChat微信	viber.com	LINE
年輕世代	Facebook	中國獨佔	第1個	台灣最紅

目前中國社群通訊軟體最大的是 WeChat，儘管中國有 14 億人口，WeChat 的市場佔有率在全世界排名只有第 3，美國只有 3 億人口，WhatsApp 卻是全球排名第 1，開放、競爭是進步的不二法門，WhatsApp 的成功是獲得全球用戶肯定的，WeChat 卻只能在封閉的中國市場中，研發只適合中國人使用習慣的軟體，筆者相信：中國要進入下一輪的世界競爭，必須堅持改革開放的路線！

在台灣使用率最高的通訊軟體為 Line，它是由韓國企業開發的，由於用戶眾多，目前延伸出 LinePay 數位支付服務，並於 2024 年底在台灣上市，這就是所有網路免費服務的商業模式：

- 以免費服務吸引網友 → 創造使用者（好料伺候）。
- 讓網友建立社群 → 讓網友帶來親朋好友（吃好道相報）。
- 順勢推出服務、商品或成為廣告商（割韭菜）。

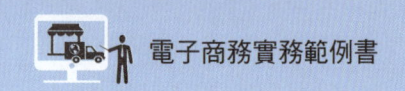

企業服務入口：APP

在傳統商務中，企業要服務客戶就必須開設店面，店面的數量越多，對客戶就越方便，但龐大的店租與工作人員的薪資卻是企業經營的沉重壓力。在都會區中，許多店面第 1 年會開在大馬路邊，待客戶關係建後便搬入巷弄內，或由一樓店面移轉至租金便宜的地下室或高樓層。

電子商務在發展初期企業都是以網頁來服務客戶，但那是一種被動式的服務，顧客必須主動上網企業才能有所回應，對於客戶而言方便度不夠，因此無法普及，隨著智慧手機的普及，人人隨時「黏」在網路上，企業便開始投入手機 APP 的服務模式：

- 一鍵開啟 APP

    企業資訊、商品資訊、個人消費資訊、優惠方案、累積點數、線上小幫手、…

- 主動傳遞訊息

    特價商品、優惠方案、發票中獎、稅費繳納、…

手機 APP 就如同企業安插在顧客身邊的小幫手，隨時主動提供訊息，無論大小事都有問必答。

📖 手不離「機」的生活

你、我、他…，沒帶手機敢出門嗎？忘了帶手機出門一定引起焦慮症，就如同與整個社會失聯了！據說：「如今懲罰小孩最佳方法就是"沒收手機"」。

以前家庭的中心是客廳，因為飯後全家在客廳看新聞、綜藝節目，現在還有多少人取得新聞資訊是透過電視或報紙？還有多少家庭是同時觀看同一個綜藝節目，時代變了！網路新聞分秒更新，例如：某地發生地震，30秒內FB社群平台上立刻有人回報所在地的情況，某地發生火災，3分鐘內立刻有附近的居民或路人上傳即時影片，網路新聞徹底取代報紙、電視新聞。再說到娛樂影片，網路平台上免費、付費的頻道一籮筐，完全沒有時間與空間的限制，等車時、搭車時、等人時、餐廳排隊時、…，任何片段時間都可以拿出手機，看影片、聽笑話、看抖音短影片、玩遊戲、聽音樂…，每個人徹底脫離以客廳為中心的娛樂方式。

通訊軟體、社群平台、影音平台成為多數人生活的中心，通訊錄、銀行帳號、行事曆、水電費繳納、…全部綁在手機上，有了手機就擁有全世界，手機丟了、忘了，你就被全世界遺棄了！

📖 人潮錢潮

只要有人的地方就有「消費」：食、衣、住、行、育樂，人越多聚財的效果便越強大，因此人潮洶湧的商場稱為「黃金店面」。

各位讀者知道百貨公司賣什麼嗎？多數會秒回：「賣百貨啊！」，非也非也！仔細想想，百貨公司實際經營的是「賣場」，賣場中的每一個攤位是「商品」，客戶是承租攤位的賣家，進入百貨公司的消費者是每一個專櫃的客戶。以 SOGO 百貨為例，SOGO 百貨的基本職責就是維護賣場的正常運作，讓每一個賣家在商場內可以安心做生意，所有清潔、維護、保安的工作一手包，積極的職責便是整合行銷，將消費者吸引到賣場來，以創造人潮招來錢潮。

- Google 靠什麼營生的？搜尋平台、網路地圖、語言翻譯、⋯，全部免費服務，但卻可以招徠人潮，因此 Google 成為最大網路廣告商。
- FB 靠什麼營生？寫日記、分享生活、傳遞訊息、⋯，全部免費服務，同樣招徠人潮，因此 FB 成為第二大網路廣告商。
- YouTube 靠什麼營生？音樂、影片、教學影片、⋯，全部免費服務，同樣招徠人潮，更多人上傳個人作品到 YouTube 分享，豐富的媒體創造更大的流量。

被動與主動的差別？

消費模式大致上可以分為「物質」滿足與「心靈」滿足 2 種，物質滿足是剛性需求（非要不可），例如：柴、米、油、鹽，講究的是「性價比」，心靈滿足是非剛性需求（可有可無），例如：化妝品、裝飾品、高級服飾，講究的是購物當下的滿足感，因此多數的貴婦滿櫃子是未曾穿過的新衣。

對於非剛性需求而言，「即時」提供消費者「適當」商品資訊是極為重要的，因為購物的熱情會隨時間消散，下一個購物衝動便會覆蓋掉上一個，因為非剛性需求是隨時可以被替代或消失的。

「有求必應」是舊式的服務模式，是一種被動式服務，現代的客戶服務講究的是「主動」發掘客戶需求，並即時提供客戶訊息，並在客戶購物情緒高昂時完成交易。

社群媒體 Google、YouTube、FB 就是現代人離不開的助理，也是時時洩露消費者個資、喜好、消費需求的奸細。只要上網查詢任何商品，相關的商品廣告、優惠方案就會立即出現在手機上，因為消費者的需求被社群轉賣給企業，或由社群媒體為企業發送商品訊息。

📖 大眾傳播 vs. 小眾傳播

每 4 年一次的歐洲足球賽線上（電視、網路）觀眾超過 10 億人，每 30 秒廣告超過 500 萬美金，只有一流的全球化企業能夠負擔的起這樣的費用。國內晚間 8 點檔黃金時間，電視廣告 30 秒也是數百萬新台幣，只有國內一線品牌能夠負擔得起，這就是大眾傳播，受眾的人數龐大且多元，廣告不但製作精美，代言人也都是身價不斐的巨星。

中小型企業無力負擔高額的廣告費，因此會採取小眾傳播，例如：社區廣告、路邊傳單、贊助公益活動、⋯，以爭取企業或產品曝光機會。進入網路時代後，這一切都改觀了，小兵也可立大功，只要有好的創意，借助社群的威力，一個笑話、事件、新聞、影片都可以在網路快速傳播發酵，一部手機 + 一個閒人 → 創意廣告。

在網路世界中，只要你敢秀，人人可以成為網紅，任何主題的影片都可能成為熱門話題，30 秒變裝術、一個月瘦小腹、一號木桿多 50 碼祕訣、⋯，這些主題的受眾都是一個群體，每一個群體也都會有共同需求，這就是網路世界下中小企業的完美行銷方案。

📖 購物平台

家庭主婦每日在家必須處理許多家務，職業婦女到了週末更有忙不完的家事，做家事的時候如果可以一邊看著電視，就會覺得輕鬆許多，若看的是購物頻道那就一點都不累了，一邊做家事一邊享受購物樂趣，兩不耽誤。

電視購物節目有兩個極大的優勢：

A. 主持人流利的口條、誇張的肢體動作：絕對輾壓實體店的售貨員口才。

B. 現場操作、模特兒展示：比被動式的網路購物更能激起消費的熱情。

電視購物一般進行的程序如下：

A. 價格聳動：吸引消費者注意，產生心動感覺。

B. 產品展示：廠商流利的商品使用示範，或模特兒優美的商品展示，讓消費者產生臨場體驗的感覺。

C. 飢餓行銷：限時優惠再加碼，並在螢幕上顯示熱銷狀況，讓消費者產生不買可惜的購物衝動。

雖然購物有 7 天鑑賞期，但有多少比例的衝動消費者會退貨呢？

按讚、打卡

一般人買屋或租店面，都會強調：「Location、Location、Location」，意思是說：「地點是最重要的」，但黃金店面的房價更是驚人，因此有些商家生意看似火紅卻都倒閉收場，因為錢全部被房東賺走了。

另有一句諺語：「酒香不怕巷子深」，台灣的牛肉麵是國民飲食，擁有龐大的消費族群，一碗牛肉麵的價格由幾十塊到數百元不等，豪華飯店、餐廳、路邊攤、學生餐廳都有，深入庶民的生活中，許多知名牛肉麵店不屬於相對的黃金地點，但連平日都經常大排長龍，其中還有很多是外地客特別搭車前來，一開始是街坊鄰居的社區生意，靠的是口耳相傳，到了網路時代，「社區」可就無邊無際了。

筆者到宜蘭出差，Google 一下：「宜蘭出名牛肉麵」，網路推薦、網友票選的都出現了，交通不是問題，地點更不是問題，到了現場，請問您希望排隊的人是多還是少？頂著大太陽排隊時，你回頭一看，後面排了一長串，你還有用餐的興致嗎？餐廳、飯店的打卡活動已成為最實際的行銷活動。

智慧行銷：雲端 + AI

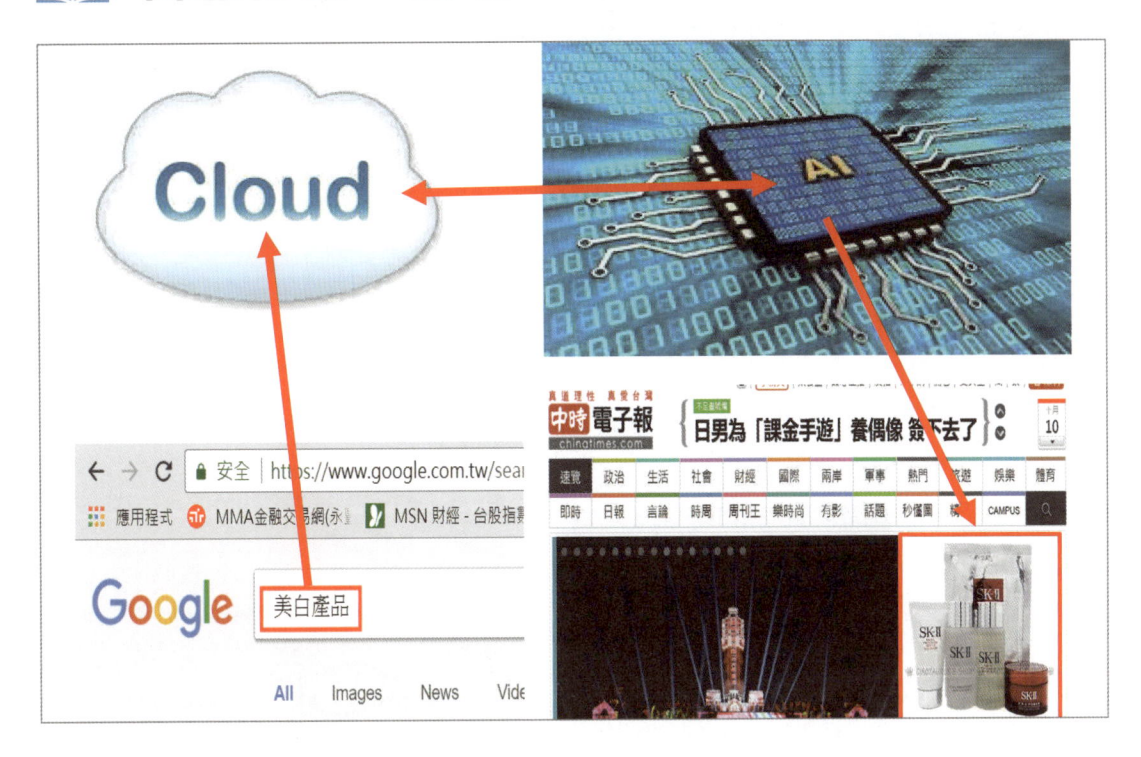

雲端的海量資料（Big Data）潛藏許多未知的商機，就如同地表下擁有豐富的礦藏，大量的礦石中可淘出珍貴的寶石或特殊金屬，由大量資料中篩選出有用的資訊就稱為「資料探勘」（Data Mining）。

最有名的案例如下：

Amazon： 根據巨量資料找出買 A 產品的客戶，同時也買了那些 B、C、D…產品。這是一個非常精準的客戶行銷方案。

Facebook： 由巨量資料中搜索每一個用戶的朋友網絡，找出可能的連結，進而產生：A：你可能認識的人…B：推薦朋友名單…

資料探勘與統計學的差異：

統計學： 探討的是將已知資料作整理，成為易於掌握、管理的精簡資訊。

資料探勘： 由海量資料找出未知的資訊。

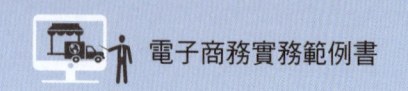

📖 Google 賣廣告案例

網路平台很貼心，好像我肚裡的蛔蟲，都知道我愛聽什麼音樂？喜歡哪一位歌手？連續劇追到哪一集？甚至我想買什麼東西都知道！天啊！一定有駭客躲在我床下，偷窺我的一舉一動！

的確有人偷窺，但卻是躲在螢幕後方！你在網路上所有的操作行為都被記錄下來，因此當你進入 YouTube 時，你的首頁上就最會出現你喜愛的歌手或相關歌曲，登入 Google 時，就會出現你想購買商品的相關廣告，這不是巧合，是 Cloud 雲端資料庫、AI 人工智慧的結合。

有一位老教授問我：「Google 所有的服務消費者都不用付費，那 Google 靠什麼賺錢？」，消費者不用付錢是因為簽了賣身契，Google 將你的行為賣給相關廠商，例如：你上網搜尋「美白」，一星期內跟你一樣的消費者假設有 2,000 人，這一份名單賣給 SK-II 就值錢了，目標精準的潛在消費者名單，千金難買！

Google、YouTube、⋯，免費的服務誰能抗拒，記得！現代經濟的重要課題之一：「找到對的人來買單！」。

📖 人人是網紅

在傳統禮教中,愛說話、愛表現都是負面的,有這種特質的小孩就是個麻煩,常會被老師罰站或見家長,甚至有一種歧視性的評價「過動兒」!其實每一個人在世上都是獨一無二的,珍惜上帝賦予你與眾不同的才能,家人勇敢支持你的特異,努力的付出終會獲得肯定。

有一句話說:「高手在民間」,江湖上多的是能人異士,在科技、通訊不發達的時代,文人必須赴京趕考才有機會,能人異士必須在西門町閒逛才有機會被星探發現,沒有星探的推薦就上不了大銀幕,但…時代不同了,一支手機＋創意腦袋 → 一個影片作品,各大社群網站就是現代大螢幕,網友就是投票的星探,只要能抓住眾人的眼球立即在網路上大紅大紫。

但多數網紅都是曇花一現,唯有持續的創意、不間斷的作品才能牢牢抓住自己的粉絲。因此組建團隊、擴充設備、提升作品品質…成為網紅團隊的成敗關鍵,考驗的不再只是創意,經費控制、市場行銷、經營管理都是團隊的必修課程,常有年輕人說:「讀書有什麼用?就算讀到博士薪水也不高…」,這句話只對了一半,因為沒有知識的網紅極可能只能成為一顆流星!

職業網紅

大螢幕要捧紅一個藝人需要花費大量資源，星探在馬路上挑選可造之材，平凡如你我被選上的機率幾乎為零，但不代表你我是沒有潛力的，因為大螢幕的頻道是稀缺資源。

網路時代來臨，每一個人都可以開設自己的小螢幕，自秀才藝、自製影片，透過社群網站人人皆可為明星，因此各行各業產生了大量的網路紅人（簡稱網紅），小成本、小製作、自拉自唱，透過手機網路直播，即時產生作品。

明星跟一般庶民的距離太遠、遙不可及，因此代言效果與消費者實際體驗產生很大差距，網紅雖然是一般庶民、鄰家妹妹，小螢幕的表現品質不高，卻提供消費者「親近」、「真實」的感覺。

網紅揭開了個人行銷時代，千里馬不再需要伯樂，在網路平台上人人平等，憑才藝、憑創作在網路世界中爭取認同，只要是好作品立刻在網路上獲得認同，即使是小眾冷門市場依然可以達到經濟規模。

會員經營

成年人在生活上每天面對的：人、事、物，超過 95% 是重複的，只有少數人是生活在劇烈變化的環境中，因為一般人習慣：住在熟悉的環境、接觸認識的人、執行日常的工作。

消費者購買商品時也大多找熟人買，或買熟悉的商品，對於不熟的廠牌或產品，需要花時間測試，並承擔風險，因此廠商開發新客戶的成本偏高，故有這麼一個數據：

- 開發一位新客戶的成本，是留住一位舊客戶的 5 倍。

    消費者對於信任的品牌或產品，在選擇商品時大多列為第一優先，因此，舊客戶對於廠商的貢獻度較大。

消費者購買商品時也有這麼一個數據：

- 80% 的業績貢獻來自於前 20% 的客戶。

    因此各企業相繼投入「客戶關係管理」系統的建置，加強客戶社群的經營，並針對 VIP 的會員提供專屬優惠，以增加客戶的忠誠度。

網路團購

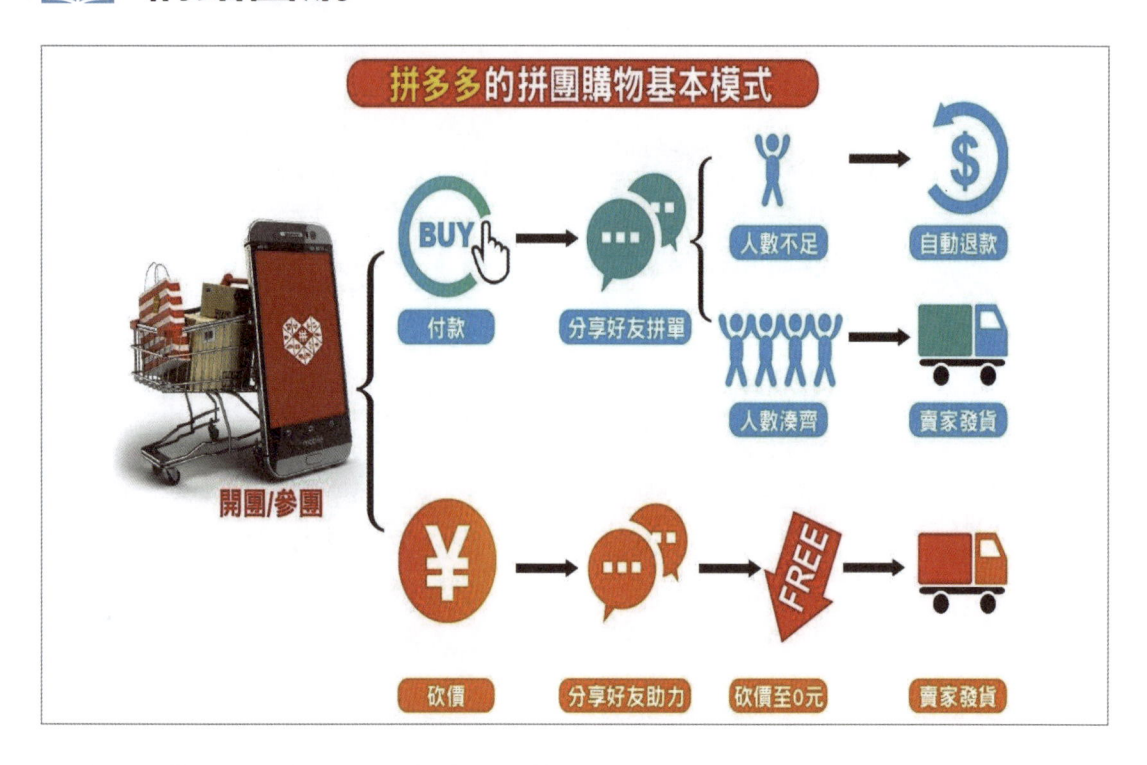

拼多多的拼團購物基本模式

商家講：「薄利多銷」，消費者講：「買多折價」，買東西時邀一下親戚、朋友，湊夠了數量自然容易取得好價格，在辦公室中揪團採購更是普遍，利用網路揪團更方便了，朋友的朋友、網友的網友、⋯，只要能連上網的，都可揪成一團，拚多多的商業模式就是這樣的簡單概念。

拚多多的目標市場鎖定在三、四、五線農村居民，由於經濟實力較差，對於商品價格的敏感度極高，因此低價成為唯一的考量，揪團只是降低售價的方法之一，拚多多另一商業模式：劣質品、偽品、假品、⋯，低價劣質品是拚多多另一項與正規市場的競爭區隔。

消費者不知道拚多多賣的是偽、劣商品嗎？知道，但不在乎嗎？是的！價格就是低！對於經濟能力差的消費就有致命的吸引力，因為⋯，就算再窮也得過日子！因此短短 3 年吸引了中國 3 億消費者，2018 年在美國華爾街上市。

「拚少少」搭「拚多多」的順風車，強調不但低價而且質優，這真是山寨的也被山寨了！

習題

(　) 1. 以下哪一個項目是針對「群」的行銷？
  (A) 大眾行銷　　　　　　(B) 分眾行銷
  (C) 個體行銷　　　　　　(D) 無差異行銷

(　) 2. Line 是由哪一個國家的企業所開發的通訊軟體？
  (A) 日本　　　　　　　　(B) 中國
  (C) 韓國　　　　　　　　(D) 新加坡

(　) 3. 以下哪一個項目是全球使用人數最多的社群平台？
  (A) Instagram　　　　　　(B) Twitter（X）
  (C) Tencent　　　　　　　(D) Facebook

(　) 4. 以下哪一個項目是中國企業開發的通訊軟體？
  (A) WeChat　　　　　　　(B) What's App
  (C) Messanger　　　　　　(D) Line

(　) 5. 以下哪一個項目是企業用來服務終端消費者的主要工具？
  (A) 企業官網　　　　　　(B) APP
  (C) DM　　　　　　　　　(D) 電視廣告

(　) 6. 以下哪一個項目是多數人取得新聞資訊的來源？
  (A) 報紙　　　　　　　　(B) 電視
  (C) 手機　　　　　　　　(D) 公佈欄

(　) 7. 以下哪一個項目是百貨公司經營的主業？
  (A) 服飾　　　　　　　　(B) 生鮮
  (C) 餐廳　　　　　　　　(D) 賣場

(　) 8. 以下哪一個項目屬於剛性需求？
  (A) 食物　　　　　　　　(B) 服飾
  (C) 鞋子　　　　　　　　(D) 轎車

(　) 9. 以下哪一個項目不屬於大眾傳播？
  (A) 電視廣告　　　　　　(B) 社區傳單
  (C) 網路廣告　　　　　　(D) 收音機廣告

(　　) 10. 以下哪一個項目不是電視購物節目的優勢？
　　　　(A) 主持人流利的口條　　　　(B) 主持人誇張的肢體表演
　　　　(C) 7 天購物鑑賞期　　　　　(D) 模特兒的優美展示

(　　) 11. 「Location、Location、Location」，指的是以下哪一個項目的重要性？
　　　　(A) 通路　　　　　　　　　　(B) 人才
　　　　(C) 資本　　　　　　　　　　(D) 地點

(　　) 12. 以下哪一個項目是「對已知的資料進行整理」？
　　　　(A) 統計學　　　　　　　　　(B) 資料探勘
　　　　(C) Data Mining　　　　　　(D) Big Data

(　　) 13. 以下哪一個項目是網路服務平台的金雞母？
　　　　(A) 服務項目　　　　　　　　(B) 潛在消費者名單
　　　　(C) 資訊提供　　　　　　　　(D) 廣告商品

(　　) 14. 以下哪一個項目是創造網紅的先決要素？
　　　　(A) 資金　　　　　　　　　　(B) 團隊
　　　　(C) 創意　　　　　　　　　　(D) 經營管理

(　　) 15. 以下哪一個項目對「網紅」的敘述不是正確的？
　　　　(A) 人人都有機會成為網紅　　(B) 網紅揭開了個人行銷時代
　　　　(C) 在網路平台上人人平等　　(D) 網紅經濟價值不高

(　　) 16. 以下哪一個項目對「微電影」的敘述不是正確的？
　　　　(A) 只適合學生玩玩　　　　　(B) 製作成本低
　　　　(C) 可作為市場測試　　　　　(D) 已成功融入校園

(　　) 17. 各企業為加強客戶社群的經，大多導入以下哪一個系統？
　　　　(A) ERP　　　　　　　　　　(B) CRM
　　　　(C) MIS　　　　　　　　　　(D) Cloud AI

(　　) 18. 以下哪一個企業是網路團購的最佳典範？
　　　　(A) 淘寶　　　　　　　　　　(B) 天貓
　　　　(C) 拚多多　　　　　　　　　(D) 拚少少

CHAPTER 8

物聯網應用

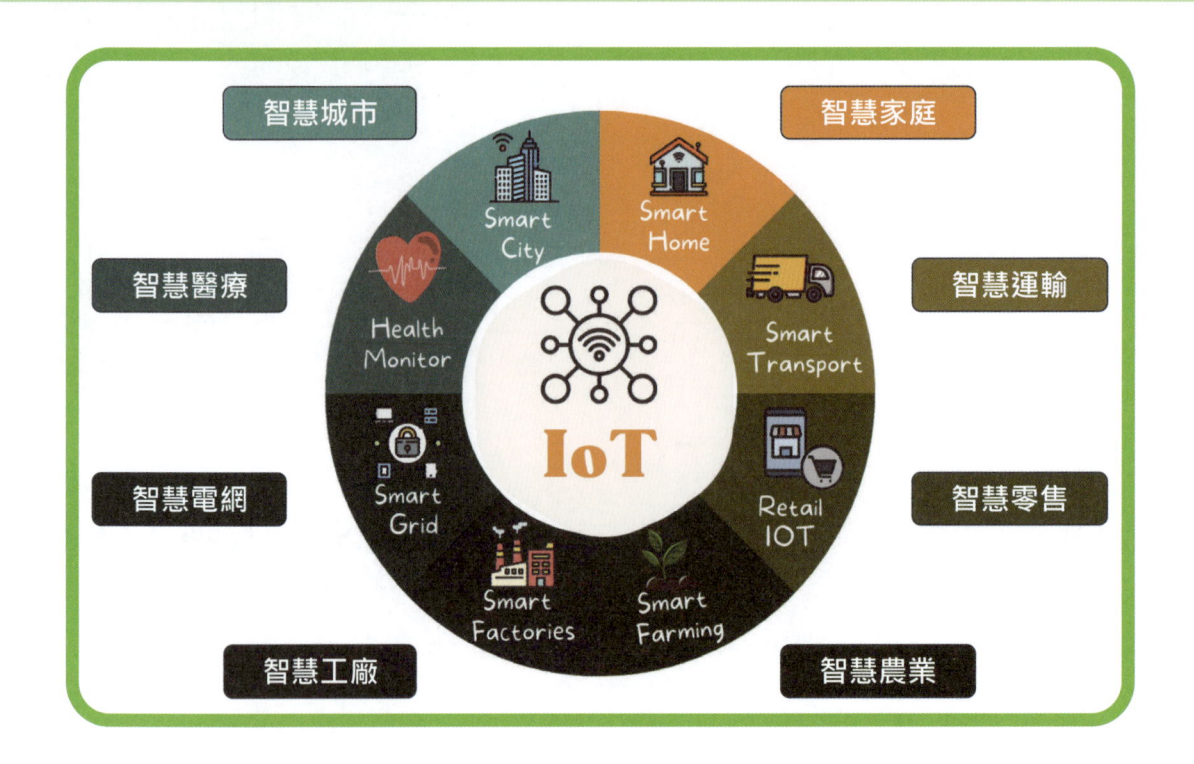

互聯網（Internet）的出現對人類生活產生極大的進化，發展過程如下：

第 1 代：1960 年代由美國聯邦政府投入研發，Internet Of Computer，目的是讓所有電腦能互相連結，達到硬體共享、資料共享的目的。

第 2 代：由於無線通訊技術漸趨成熟，全球無線通訊協定規範整合成功，行動裝置普及率大幅提升，Internet Of People，目的是讓所有的人能互相連結，達到資訊共享、人脈關係共享、商機共享的目的。

第 3 代：全球貿易蓬勃發展，企業量體越來越大，對於採用自動化來提升作業效率的需求也趨於殷切，配合著無線通訊元件成本的大幅降低，萬物聯網成為可能，Internet Of Things，目的是什麼呢？鞋子聯網？藥瓶聯網？衣服聯網？尿布聯網、……。

什麼東西應該聯網？將會如何改變目前生活？可以產生什麼新的商機？就是這個單元所要探討的！

虛擬實境：產業應用 -01

VR、AR、MR的差異	生態教育
觀光產業	服飾業

AR、VR、MR 的差別：

VR：虛擬實境，由電腦模擬出影像，此影像與我們的實體環境完全脫離。

AR：擴增實境，將電腦模擬的影像與實體環境作結合，但無法互動。

MR：混合實境，電腦模擬的影像可與周邊環境、人物互動。

實體服務的成本相當高：時間成本、場域成本、人員成本、…，利用 AR、VR、MR 將可讓一切成本降到最低：

教育產業：一條活生生的鯨魚在教室中跳出，激起的浪花更讓學生紛紛不自覺的閃躲，臨場感、互動感，這就是虛擬帶來的教學顛覆。

觀光產業：是目前導入 VR 最成熟的產業，讓消費者如身歷其境般以 360 度視角來觀賞旅遊地點的介紹。

服飾產業：網路上購買衣服，採用虛擬試衣，提高購買衣服前的品質確認度，更進一步降低賣方後續的退貨處理與物流費用，即使是實體店的銷售也可以利用此系統節省試衣時間。

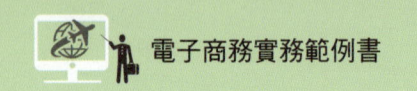

虛擬實境：產業應用 -02

零售業	餐飲業
運動產業	物流業

零售產業： 在實體賣場中，以手機掃描商品即出現商品資訊，動態商品展示，商品相關影像介紹、展示。

餐飲產業： 最早的菜單就是文字敘述，進化的菜單加上圖片，現代化的菜單提供餐點 360 度旋轉視角，充分展現餐點的樣態，引起饕客的食慾。

運動產業： Nike 結合虛擬與 IOT 科技，建了一個運動者與自己影子互動的跑步場，讓跑步不再單調，隨時由自己的影子陪跑。

物流產業： 物流中心撿貨員穿戴智能頭盔，頭盔中出現智能小幫手，協助撿貨動作，包括行進路線、撿貨貨架、商品，全部由虛擬影像、聲音導引撿貨員，大幅提高作業效率，更降低作業人員的疲憊感。

虛擬實境：產業應用 -03

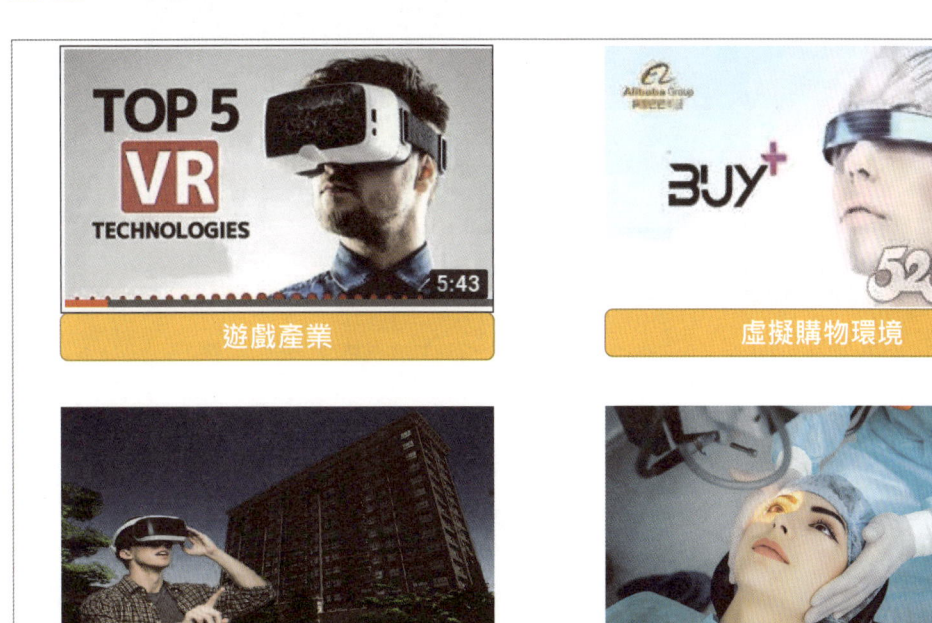

遊戲產業	虛擬購物環境
房仲業	眼科教學

- **遊戲產業**：戴著 VR 影像頭盔，玩家宛如置身於實境中，享受視覺的震撼，坐在會上下移動、左右旋轉的椅子上，玩家感受肢體回饋，就如同實際坐在雲霄飛車中，令人血脈賁張、頭皮發麻！

- **虛擬購物**：以 MR 技術製作商場互動景象，消費者宛如置身實體商場，不只是虛擬影像，更可以和虛擬商場中的人物、環境做互動，日後將有可能改變消費者購物行為模式。

- **房仲產業**：購屋前由房仲人員帶著四處看屋是非常耗時的，透過虛擬實境導覽，可協助購屋者作第一階段的快速篩選，選到合適的標的物後，再由房仲人員帶領到現場作細部檢核與評估，大大提高作業效率。

- **醫學教學**：家人住院開刀，都要找大牌名醫執刀，因為醫學是一種深度依賴經驗的技術，大牌天天開刀經驗自然豐富，沒有患者會接受菜鳥醫師試刀，因此臨床醫師養成訓練十分艱難，利用人體虛擬情境的建構，菜鳥醫師可無數次的練習來精進技術。

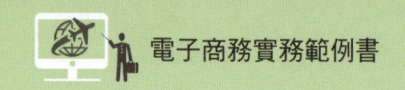

麥當勞智慧點餐

身為全球首屈一指的速食業者，麥當勞每天服務超過 6,800 萬名顧客，其中大多數都是透過 Drive-Thru（得來速）窗口購買餐點，因此麥當勞希望借助機器學習的力量，重塑 Drive-Thru 的消費體驗，一併促進銷售額成長。

2019 年麥當勞以 3 億美元收購 AI 新創公司 Dynamic Yield，麥當勞首先將新技術應用在 Drive-Thru 的電子菜單上。當顧客駛入麥當勞車道，AI 會依照當下時間、天氣、餐廳熱賣菜單、食材庫存、門市歷史銷售、全球門市銷售、周邊活動等至少 7 個因素，分析出來客可能喜歡的商品，等到客人選定食物後，系統還會提供即時加購品項建議。

簡單說，在涼快的上午 8 點鐘購買早餐套餐，跟傍晚下班時段購買麥脆雞腿餐，系統將顯示不同的加購選項。2019 年底，改造後的 Drive-Thru 系統，已導入全美 9,500 間門市。

居家整合

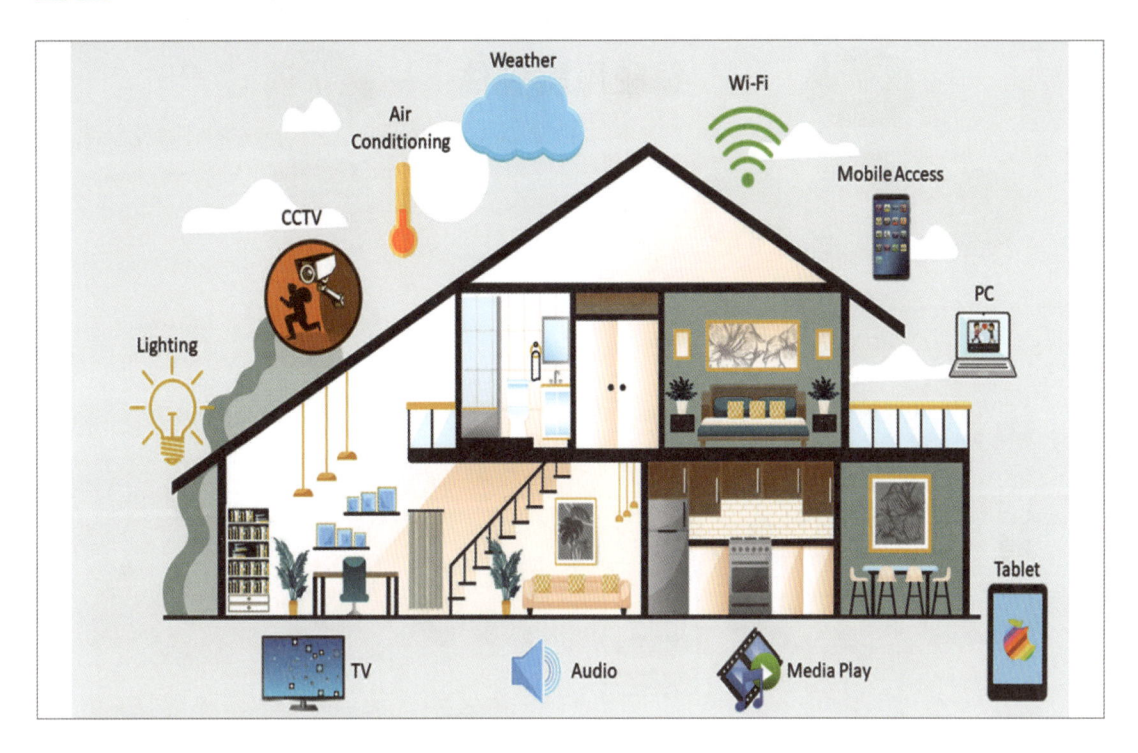

居家保全系統：

- 社區閘門透過辨識系統可認車、認人，作為社區進出管制。
- 屋子大門有指紋辦系統或晶片卡，作為身分辨識。
- 家中有固定式監視系統，還有移動式照護機器人，可隨時監看家中情況。
- 屋內各房間裝設煙霧、溫度感測器，有異常情況時，自動通報消防單位。
- 老人、小孩身上配置感知型發射器，當老人或小孩跌倒或昏倒時可發出緊急求救訊號，並提供 GPS 定位訊號。

串聯室內外各項物聯網監控裝置，達到：整合 → 互動，透過監控模式設定，讓家俱備：安全、防災、急救的功能。

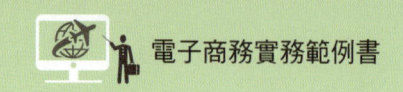

保險業計價模式

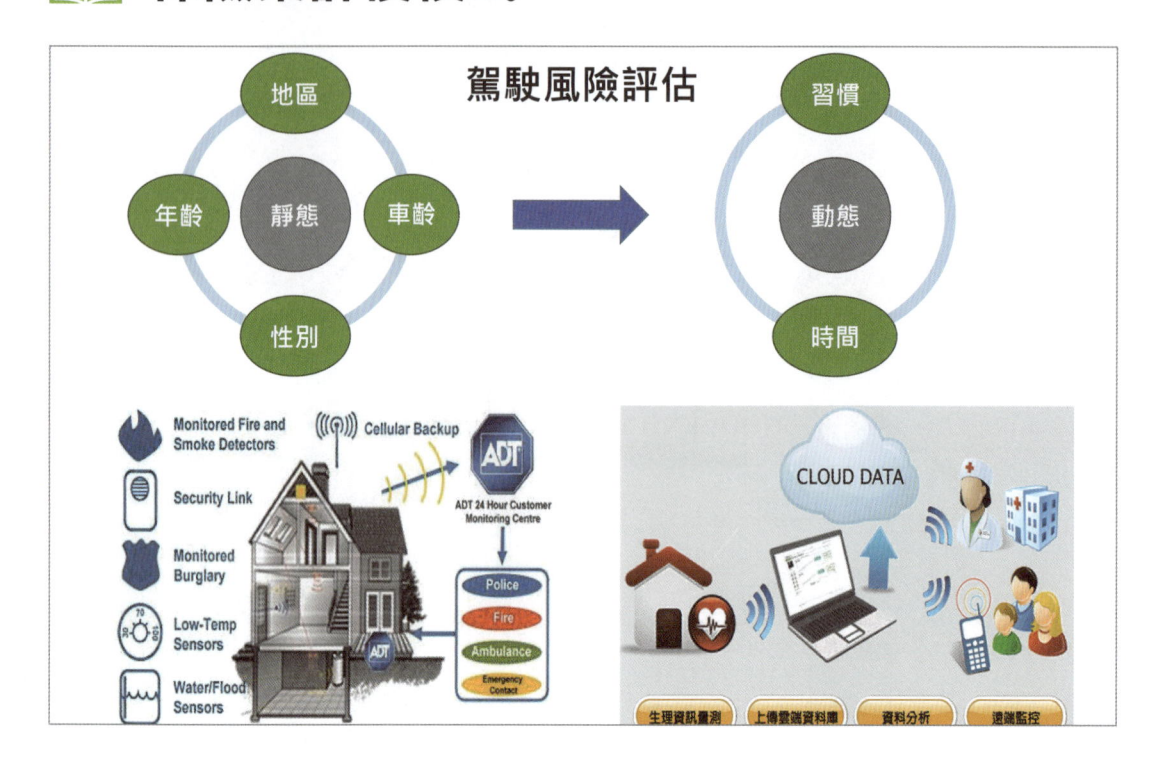

產業：車輛保險

- 監控設施及影響：
  車輛運行的訊息都上傳到雲端，包括駕駛人的開車習慣、開車時間
  車輛都裝置 GPS 定位系統，大幅降低竊盜發生

- 產業變革：
  原本保費計算：地區、性別、年齡、車齡
  新計費計算：駕駛習慣、行車時間長短

產業：產物保險

- 監控設施及影響：
  房屋、工廠都裝設各式監測系統，大幅降低竊盜、火災的損失

- 產業變革：保險費率大幅降低

產業：人壽保險

- 監控設施及影響：
  即時監控系統，降低突發死亡率，長期監控及早發現慢性疾病

- 產業變革：意外死亡大幅降低，預防醫療大幅增長

📖 行動商務

網路創造的最大效益就是讓：人、事、物產生「連結」，藉由人、事、物的連結，「行動商務」的創新商業模式便騰空出世了！

早期的行動商務指的是：

一個人 Any Time、Any Where 都可以進行商務洽談、辦公。

今天的行動商務談的是：

一個企業 Any Time、Any Where 都可對客戶進行服務。

以下就是修車、車輛定期保養的創新方案：

以往修車、車輛定期保養都得將車開進車廠，無論是在廠等候或回頭再去取車都是費時、費事的，有了物聯網，車主上班時將車停在公司附近適合地點，將車輛位置發給車廠，車廠便開著行動維修車前往該地點進行車輛維修，車主以遠端遙控開啟車門，維修人員在完成作業後發出訊息，車主再次以遠端遙控鎖住車門，線上付款完成交易，下一個 AI 時代來臨時，自駕車便會自己開進維修廠，整修完畢後再自行開回家了。

這樣的商業模式同樣適用於：寵物美容、汽車美容、自行車修理、…，對於付不起昂貴店面租金小眾市場行業更有起死回生的效果。

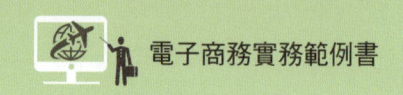

📖 物聯網帶動的產業整合

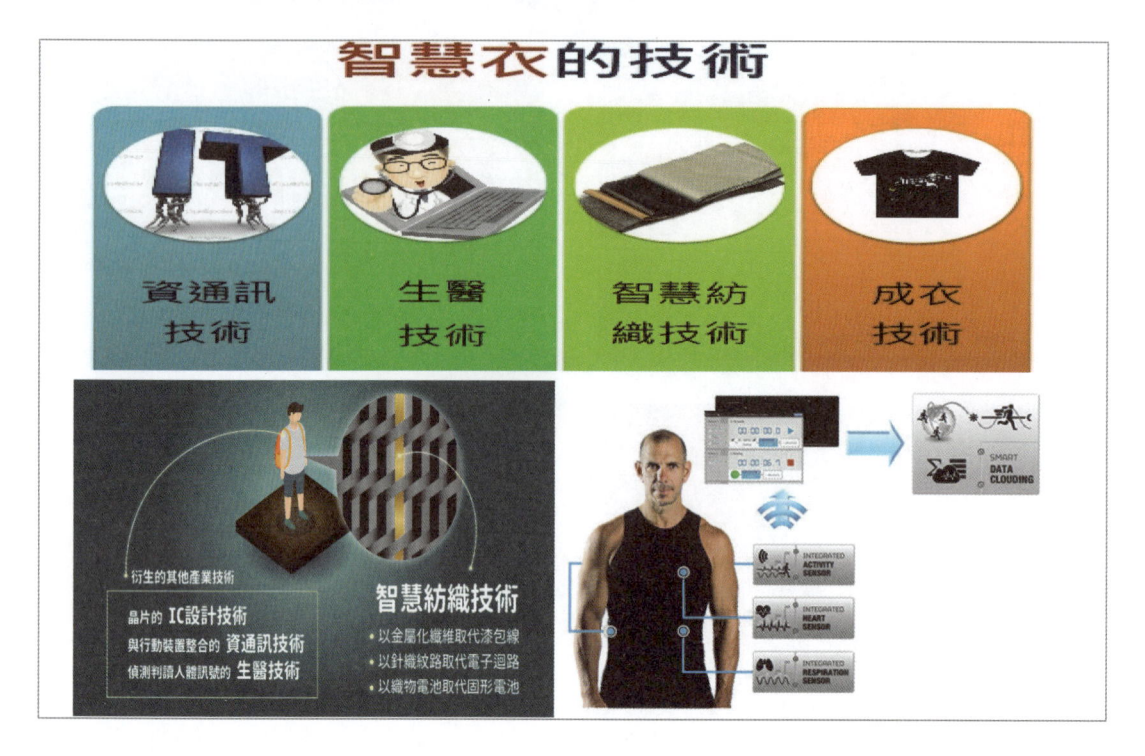

將一件智慧衣拆解開來，裡面包含了 4 個產業：資通訊、生醫技術、智慧紡織、成衣製作，這 4 個產業在台灣都相當成熟，都具有全球競爭力，照理說，台灣應該充滿了機會，但事實上，台灣在智慧衣的產業鏈中還是只能分到毛利最差的「製造」，筆者認為問題在於教育，分別由 3 個層面分析如下：

家庭： 台灣俚語：「小孩子有耳無嘴」，認真聽但不可輕易發表意見，就是警告小孩不要當出頭鳥，不鼓勵創新。

學校： 鼓勵競爭，卻缺乏團隊合作教育，以尊師為首要信條，挑戰老師的權威被視為忤逆。

社會： 投機、不守法、人與人缺乏信任，組織內缺乏合作機制。

以上這些根本問題讓台灣只能是個「製造」專家，只能在既有的技術上持續研發，無法創新，只能在單一產業發展，因為沒有跨產業整合人才與機制，看看 APPLE 是如何成功的：「創新、整合」。

異業整合的創新

Google 是全球網路龍頭企業，LEVIS 全球牛仔服飾領導品牌，兩個企業會有交集嗎？是的！智慧衣，讓兩個企業進行異業結盟。

目前的智慧穿戴裝置都有 2 個缺點：穿戴不夠便利、對身體資訊收集不夠完整，例如：手錶、項鍊，而衣服可以貼身，面積又大，就完全解決以上 2 個問題，但衣服平常需要水洗，因此要將電子線路、感測器、發射器植入纖維中，就需要高度的技術創新，因此兩個產業龍頭展開了合作之旅。

為什麼歐美企業可以支付較高的薪資，3 個主要因素如下：

自動化：美國自動化程度高，低層次工作都被機器所取代，員工從事的工作技術含量較高，因此產值也高。

創　新：低階製造都外包到國外生產，美國企業專注在研發、創新、整合，因為生產的產品技術含金量高，因此人均產值高。

整　合：產業進行垂直整合或水平整合，以技術、資金、時間建構同業競爭的高門檻。

智慧農業

台灣產業經過多次轉型：農業 → 工業 → 商業，年輕人力大量由農村移動至都會區，在嚴重缺乏勞動人力的情況下，許多農地荒廢了，更有多數的農地耕作根本不符合經濟效益，就靠政府補助勉強維持生計，泰國、印尼政府於 COVID-19 期間禁止農產品出口，讓各國政府積極導入「智慧農業」，以科技自動化取代人力、降低生產成本、提高農產品產量與品質，物聯網技術為農業帶來以下變革：

生產工廠化：農地耕作易受自然災害與氣候的影響，目前許多水耕蔬菜都採取溫室工廠生產模式，因此颱風來時，超市內的耕蔬菜供給完全不受影響。

監控自動化：溫度、濕度、雜草、病蟲害都是影響農作物產量與品質的重要因素，然而卻需要大量人力，導入物聯網技術後，以各種感應器進行環境監控，並以自動控制技術進行農地澆水、除草、施肥，大幅提高產量與品質。

農業精緻化：人才是一切產業的根本，年輕人離開是因為沒希望，智慧農業帶來：收入 → 尊嚴 → 希望，因此人才再度回流農村，有了一流的人才，農業創新讓產業步入精緻化。

蔬菜工廠

台灣地狹人稠，對於傳統農業發展非常不利，對於鄰國日本更是嚴峻的挑戰，但仔細看一下超市內單價較高的米，大多產地是「日本」，高級水果也是來自於「日本」，另一個對照就是「越南」茶混入台灣市場以次充好的新聞，台灣的農業發展目前正陷入日本高品質與東南亞國家低價格的夾殺，農業轉型勢在必行。

製造業是台灣的強項，蓋工廠、大量生產的技術一流，以工廠生產「農作物」便是農業轉型的重要解決方案，效益如下：

科學管理： 在工廠內培育農作物，環境因素（溫度、濕度、壓力、光照）受到完全控制，大幅提高產量與品質，不再靠天吃飯。

工廠生產： 工廠用地比農業用地的取得更為簡單，工廠更可以往上發展，對於土地的使用率更為高效，蔬菜培養架同樣可以一層層往上疊，大幅提高單位面積的產量。

調節供需： 農產品培育與採收可隨市場供需進行調節，能有效穩定市場價格。

攝影膠囊

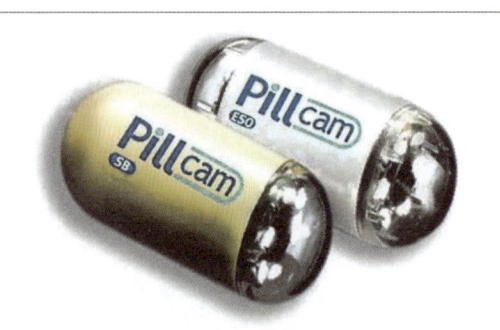

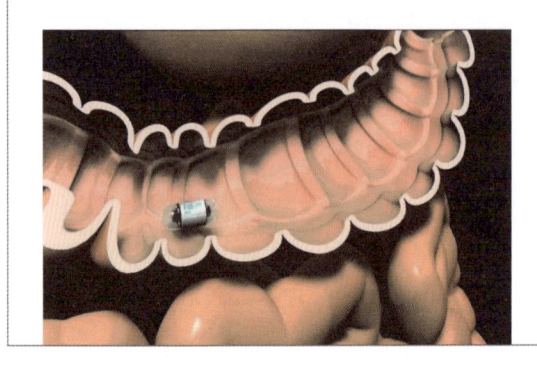

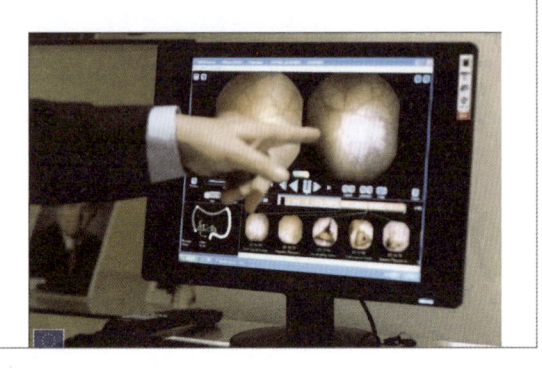

以色列的 Given Imaging 公司發明了一種膠囊，內置微型相機，患者服用後膠囊能以大約每秒 14 張照片的頻率拍攝消化道內的情況，並同時傳回外置的圖像接收器，患者病徵透過配套的軟體被錄入資料庫，在 4 至 6 小時內膠囊相機將透過人體排泄離開體外。

一般來說，醫生都是在靠自己的個人經驗進行病徵判斷，難免會對一些疑似陰影拿捏不準甚至延誤病人治療。現在透過 Given Imaging 的資料庫，當醫生發現一個可疑的腫瘤時，只要點擊當前圖像，過去其他醫生拍攝過的類似圖像和他們的診斷結果都會悉數被提取出來。

可以說，一個病人的問題不再是一個醫生在看，而是成千上萬個醫生在同時提供意見，並由來自大量其他病人的圖像給出佐證。這樣的數據對比，不但提高了醫生診斷的效率，還提升了準確度，這便是 AI 輔助醫療。

穿戴裝置：嬰兒照護

新生兒是人類延續的希望，但照顧嬰幼兒卻必須耗費大量時間、體力，對於缺乏經驗的年輕父母更是嚴峻的挑戰，因此善用科技產品來育嬰成為時代進步的必然趨勢。

尿液成份分析：

古時候的神醫會以觀察排泄物作為診斷的依據，現代的神醫可以透過感測器分析排泄物的成分，進而監測、診斷人體的健康情況，應用在不會說話的幼兒身上更是一舉數得，在尿布中植入可以分析排泄物成分的晶片，並將收集的數據傳入雲端醫療網，長期監控便可有效管理嬰幼兒的健康狀況。

幼兒監控鈕扣：

「嬰幼兒睡著時是天使、醒來時是魔鬼」，24 小時的照護讓家長們體力透支，因此必須有效的利用嬰幼兒睡眠時間補充體力、放鬆心情，嬰兒監控鈕扣可以監測心跳、呼吸、哭聲，並將資訊傳送至手機，提醒小孩已經醒了！如此家長就可充分利用時間休息放鬆，迎接下一場戰鬥。

無人機緊急救援

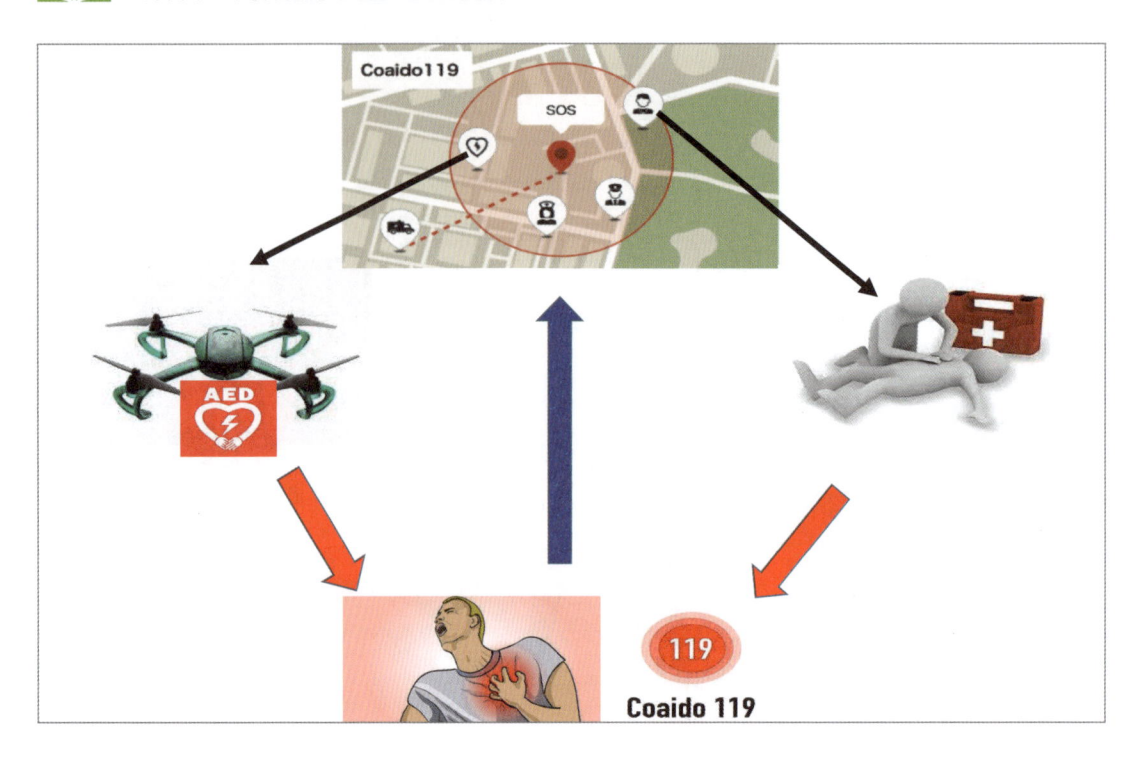

案例：

一名婦人臨時身體不適，倒在台北市西門捷運站月台層，捷運站工作人員使用手機 App「視訊 119」，消防局 119 執勤員透過視訊影像，發現婦人疑似已失去意識，立即線上指導捷運人員實施心肺復甦術及使用電擊器，直到救護人員抵達接手，婦人到院前已恢復心肺功能，成功救回婦人一命。

日本 Coaido119 是一個緊急情報共享程式，結合無人機遞送 AED、專業急救人員在地支援，以救護車平均耗時 22 分鐘而言，無人機只需 5 分鐘，將心臟急救成功率由 8% 提高至 80%。

當使用者撥打 119 報案時，會向方圓 1 公里範圍發送 SOS 求救訊息。範圍內若有已登記的醫療人員或曾接受急救講座合格的人員，可前往現場邊進行急救，邊等待救護車到達。因為心臟停頓等突發疾病，每拖延一分鐘獲救成功率就會下降 10%。Coaido119 推出的目的是提升心臟病發的生還機率，而且程式支援發信現場位置和 Live 影像，方便急救人員前往和查看患者情況。

YouBike 成功模式

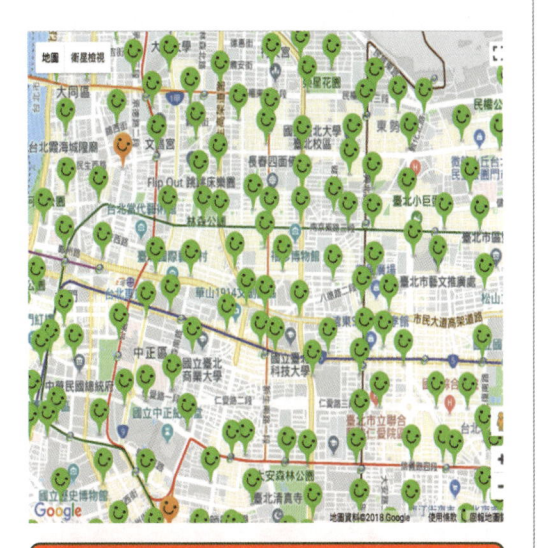

| 捷運 + 棋盤式公車 | 新北1382 + 台北1505 |

擁有一部自行車，除了特殊用途外，一般人使用時間都非常短，因此共享是非常符合經濟、環保、方便的，以下我們就來剖析一下台北市 YouBike 分享單車成功因素：

- 搭配捷運站、公車站，提供最後一哩路交通便利。
- 停車樁密度高，大幅降低固定式停車樁租車、還車不便的程度。
- 固定停車樁提供管理機制，單車不會被特定人占用。
- 車輛機動調度，每一個停車樁隨時都有車可借。
- 後勤車輛維修、保養，讓每一部單車的車況良好。

YouBike 的成功主要歸功於管理模式，它成功整合交通系統、後勤維修、停車樁管理，它成功改變了北部人行的習慣，現在更逐步推廣到全台灣各地，電動 YouBike 更讓偏遠地區的單車共享成為可能。

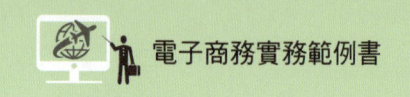

跨產業整合

Nike+ 是一種以「Nike 跑鞋或腕帶 + 傳感器」的產品，只要運動者穿著 Nike+ 的跑鞋運動，iPod 就可以存儲並顯示運動日期、時間、距離、熱量消耗值等數據，用戶上傳數據到 Nike 社群，就能和同好分享討論。

Nike 和 Facebook 達成協議，用戶上傳的跑步狀態會即時更新到社群帳戶裡，朋友可以評論並點擊一個「鼓掌」按鈕，神奇的是，這樣你在跑步的時候便能夠在音樂中聽到朋友們的鼓掌聲，Nike 由此掌握了主要城市裡最佳跑步路線的資料庫。有了 Nike+，Nike 組織的城市跑步活動效果更好。參賽者在規定時間內將自己的跑步數據上傳，看哪一個城市累積的距離長，憑藉運動者上傳的數據，Nike 已經成功建立了全球最大的運動網路社群，超過 500 萬活躍的用戶每天不停地上傳數據，Nike 藉此與消費者建立前所未有的牢固關係，海量的數據對於 Nike 了解用戶習慣、改進產品、精準投放和精準行銷十分有幫助。

提升經營效率

打麻將需要 4 個人、打高爾夫球需要 4 個人、…，多數的團體活動需要在同一時間、同一地點聚集數個人，在傳統的商業運作上產生一些困難，因此產生經營效率的問題，網路社群出現後這各問題迎刃而解了，以高爾夫球為例：

在台灣： 在社群平台上成立網路球隊，發起人訂出：球場、日期、時間，網友們便報名一起打球，球場在生意清淡日期提供優惠價格給網路球隊，球友們享受不同球場的體驗及優惠價格，台灣高爾夫球場多數提供桿弟服務，為分攤桿弟費用因此都是 4 人一組一車（大車）同時擊球。

在美國： 通路商整合區域內高爾夫球場，以手機 APP 提供所有球友查詢球場資訊：價格、優惠、時間、預定、…，在 APP 上每一個球場的固定時間點會有 4 個空格（一組），球友可預訂：球場、時間，每一個人一部球車（小車），時間一到無論幾個人到場都出發打球，因此打球不再需要「結夥」，擊球價格隨著熱門時間與否異動，因此大大提供球場經營效率，球友預定球場後若未能到場需支付 5% 的罰鍰。

習題

( ) 1. 以下哪一個項目是萬物聯網的英文？
　　(A) Internet Of Machine　　(B) Internet Of Computer
　　(C) Internet Of People　　(D) Internet Of Things

( ) 2. 「寶可夢」遊戲是採用以下哪一種技術？
　　(A) AR　　(B) VR
　　(C) MR　　(D) OR

( ) 3. 「虛擬商場購物導覽」消費者與虛擬助理產生互動是採用以下哪一種技術？
　　(A) VR　　(B) MR
　　(C) AR　　(D) HR

( ) 4. 「戴著影像頭盔，玩家宛如置身於實境中，享受視覺的震撼」，是採用哪一種技術？
　　(A) AR　　(B) HR
　　(C) VR　　(D) MR

( ) 5. 麥當勞為提升顧客點餐體驗，導入以下哪一項技術？
　　(A) VR　　(B) IOT
　　(C) Logistics　　(D) AI

( ) 6. 「居家保全系統」整合應用是採用哪一種技術？
　　(A) 物聯網　　(B) 藍牙
　　(C) 紅外線　　(D) WiFi

( ) 7. 採用物聯網技術後，車輛保險費計算是根據以下哪一個項目？
　　(A) 年紀　　(B) 開車習慣
　　(C) 地區　　(D) 性別

( ) 8. 陪伴型機器人 PEPPER 是鴻海與哪一家企業合作的產品？
　　(A) Google　　(B) Alibaba
　　(C) 軟銀　　(D) 玩具反斗城

物聯網應用 8

( ) 9. Mobile Commerce 中文翻譯為？
  (A) 電子商務   (B) 智慧商務
  (C) 實體商務   (D) 行動商務

( ) 10. 台灣產業發展一直被限制在製造產業中，以下哪一個個項目是台灣最缺乏的？
  (A) 創新   (B) 教育
  (C) 職場倫理   (D) 科技

( ) 11. 以下哪一個項目不是「歐美企業可以支付較高薪資」的理由？
  (A) 創新   (B) 政府補助
  (C) 自動化   (D) 整合

( ) 12. 以下哪一個項目不是「智慧農業」的範疇？
  (A) 生產工廠化   (B) 監控自動化
  (C) 包裝高級化   (D) 農業精緻化

( ) 13. 以下哪一個項目不是「農業轉型」的解方？
  (A) 科學管理   (B) 工廠生產
  (C) 調節市場   (D) 政府補貼

( ) 14. 以下哪一個項目不是「現代醫療」的特徵？
  (A) 醫療權威   (B) 病例資料庫
  (C) 遠端會診   (D) AI 輔助醫療系統

( ) 15.「防失智老人走失」的追蹤器是採用以下哪一種技術？
  (A) iBeacon   (B) GPS
  (C) Tracrer   (D) Bluetooth

( ) 16. 智慧紙尿布上植入哪一種東西，使得嬰幼兒排泄物分析資訊可以上傳雲端？
  (A) 追蹤器   (B) WiFi
  (C) 晶片   (D) 藍牙

( ) 17. 書中提到無人機緊急救援方案中，所運送的醫療器材是哪一個項目？
  (A) ICU   (B) PPS
  (C) ALOHA   (D) AED

(　　) 18. 筆者將 YouBike 的成功歸究於以下哪一個項目？
        (A) 管理模式 (B) 先進科技
        (C) 政府輔導 (D) 自行車性能

(　　) 19. 以下哪一個項目不是「Nike+」的積極貢獻？
        (A) 建立海量資料 (B) 提高品牌知名度
        (C) 建立客戶社群 (D) 精準行銷

(　　) 20. 本書中提到在美國透過 APP 預定高爾夫球場，相對於傳統經營方式最大的差異為以下哪一個項目？
        (A) 價格優惠 (B) 簡單方便
        (C) 不必結夥 (D) 容易交朋友

CHAPTER

9

通路轉移

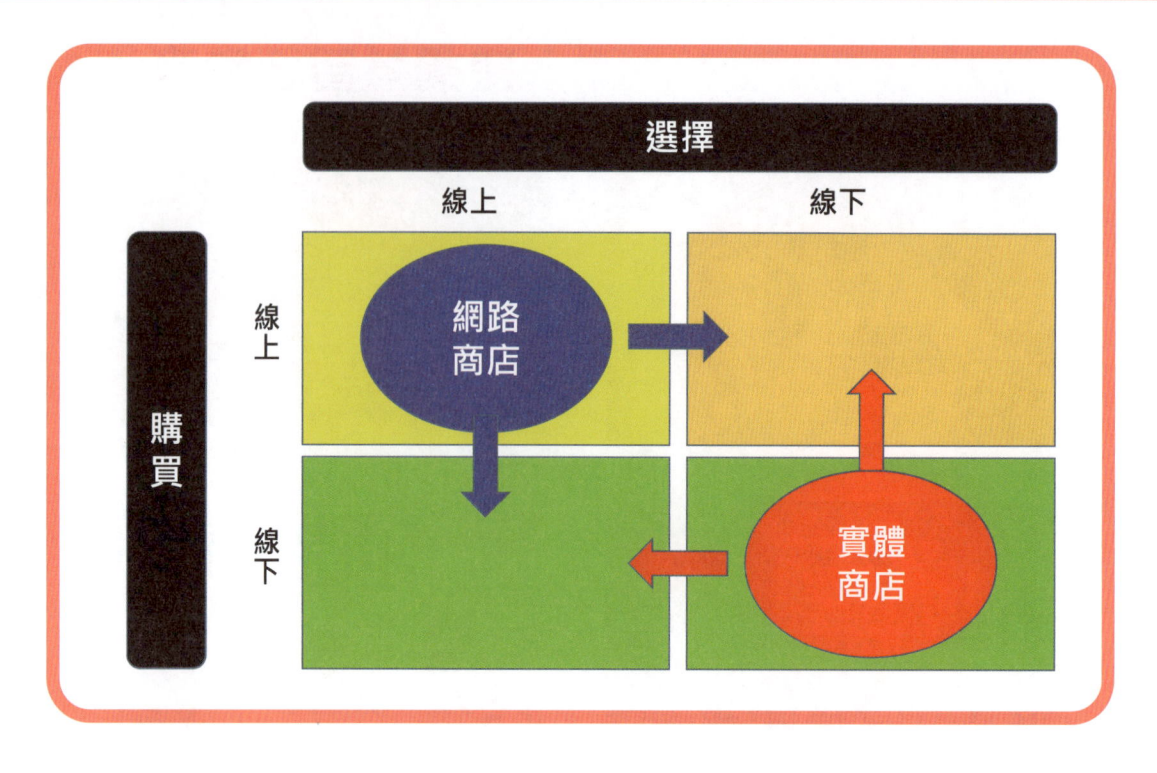

電子商務提供購物的便利與好處，但某些產業在實體商務中還是較佔優勢，例如：餐廳、旅館、服飾、…，再加上購物除了商品購買，還包含了休閒娛樂的成分，因此目前電子商務在美國也只佔 10% 的市場份額。

電商業者虎視眈眈看著 90% 的實體商務市場，並積極投入實體經營，實體業者感受到電商產業崛起的壓力也紛紛成立網路商城與以對抗，形成一個虛實整合 O2O 的商業模式。

O2O 模式將消費行為拆解為 2 個動作：選擇、購買，分別探討 2 個通路：網路、實體，產生 4 個象限，電商、實體業者的擴張策略分析如下：

電商業者： 向右 → 提供展示中心供消費者選擇

　　　　　　向下 → 提供實體商店供消費者購買

實體業者： 向左 → 提供網站供消費者選擇

　　　　　　向上 → 提供網站供消費者購買

📖 旅店通路創新

旅遊的主角為景點行程，傳統上旅行社扮演整個旅遊產品的主導角色，因此旅館產業的主要通路就是旅行社，除了國際型大飯店有能力推出品牌形象廣告外，一般旅館業者主要客群就是：旅行社、商務客、過路客。

到了網路時代，情況稍有改變，透過社群經營，某些具有特色的旅館有了發聲的管道，但這仍只是小眾行銷，旅遊景點仍然是主角，住宿旅館的選擇仍然必須配合旅遊地點。

物聯網時代來了，憑藉網路計算的巨大能量，旅遊房仲網可以在彈指間做到全球範圍內同一地區的旅館房間比價，為消費者提供最優惠價格，這個價格甚至比旅館本身的官方價格低 3 成，必然的，在自由行旅遊方式逐漸取代團體旅遊的同時，旅館業通路也由旅行社轉移至旅遊房仲網。

在科技的協助下，遊客透過 GPS 定位系統，克服地理障礙，使用翻譯軟體克服語言障礙，更透過社群軟體瞭解風土民情，一支手機走天下的時代來臨了。

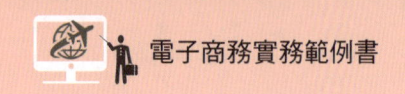

通路轉移：服飾業

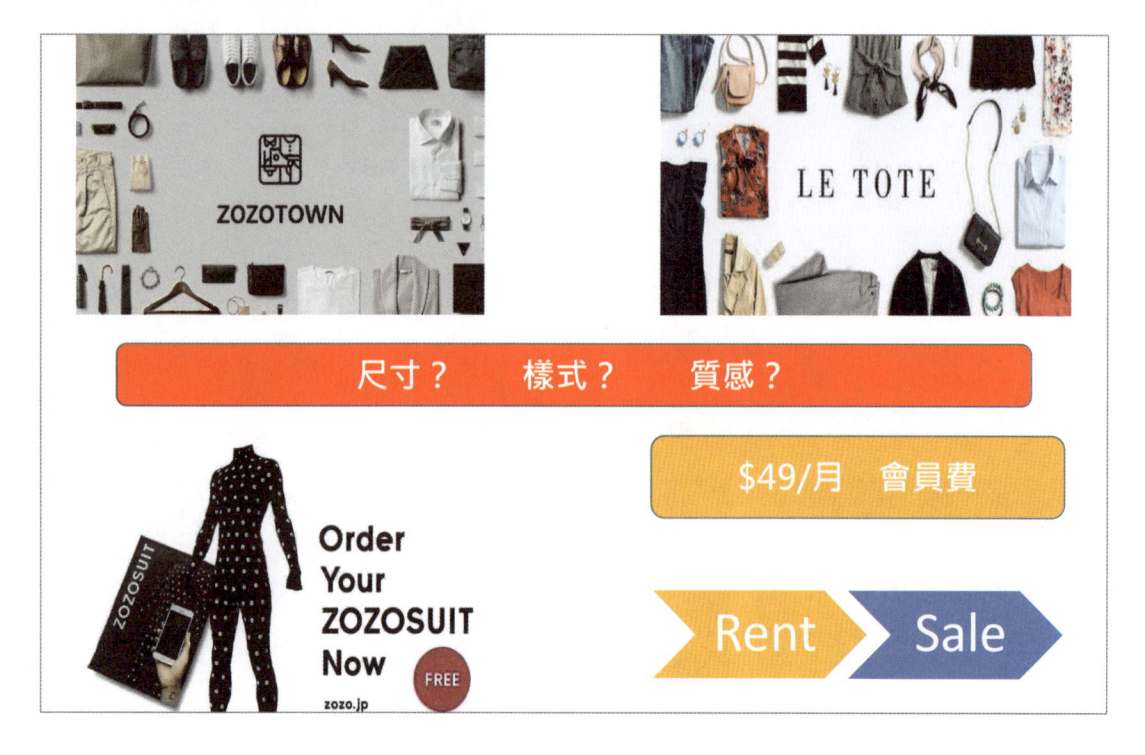

多數人買衣服、鞋子、飾品前都習慣試穿、體驗，因此要將服飾業的通路由「線下」轉移到「線上」有相當大的難度，不過，以下是 2 個成功的案例：

ZOZOTOWN： 拍攝大量的試穿影片，讓消費者充分感受衣服的舒適性，並研發 ZOZOSUIT 電子衣，以免費方式寄送給客戶，穿上身即可精確量測身體各部分的尺寸，解決衣服採購時的尺碼問題，更為消費者建立個人資料庫，方便日後的消費與商品推廣。

LE TOTE： 以月租的方式提供 Office Lady 參加宴會的禮服，消費者登錄個人資料及喜好後，當客戶提出租借預定後，就會收到 LE TOTE 寄來的服飾及配件供客戶選擇，如果非常喜歡，可以改為購買將衣服留下。

ZOZOTOWN 的成功在於降低網路購買服飾的體驗差異，而 LE TOTE 的成功在於提供 Office Lady「租衣」的選擇，並提供便利免費的退換服務！

📖 通路轉移：眼鏡業

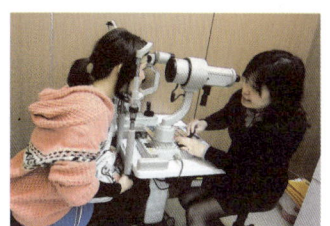

眼鏡包含 2 個產業面：醫學驗光（鏡片）、流行飾品（鏡架）。

在美國，醫學驗光是需要專業執照、並嚴格執法監督的，因此配眼鏡前必須經過醫師或擁有專業證照人員的驗光，若從流行飾品的角度來看，在美國網路上販售眼鏡，就不必涉及「醫學驗光」。

WARBY PARKER 就是一家知名的網路眼鏡品牌，推出即時眼鏡線上模擬系統 APP，讓消費者挑選喜愛的鏡框，然後透過手機進行擴充實境的模擬，滿意後下單，WARBY PARKER 就會將一系列的鏡框寄給消費者，消費者最後在家中進行實際體驗，留下最後的選擇商品，其餘的退回。

這是一個將商品做分離的案例：將眼鏡拆解為：鏡片 + 鏡架，鏡架的部分透過擴增實境技術可以達到不錯的線上體驗效果，再結合免費物流配送政策，就完美的將通路由網路轉移到家中。

WARBY PARKER 也提供實體店服務，店中有專業醫師提供驗光服務，完成驗光作業後，WARBY PARKER 便擁有客戶的驗光資訊，後續的鏡片製作、鏡架選擇便可以在網路上同步進行。

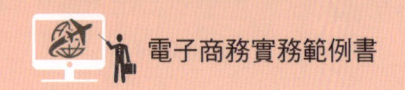

通路轉移：家具業

隨著生活水準的提升，家具除了實用功能外，消費者更聚焦在空間美化的搭配，因此家具賣場逐漸演變為以展示為主的大型賣場，提供消費者整體搭配的場景，週末和家人一同去逛 IKEA 也成為一種不錯的家庭休閒活動。

展場空間很大，搭配的家具非常多元，又經過設計師的巧思設計，每一套都美美的，但真的買回自己家中擺放又是另外一回事了：尺寸大小、顏色搭配、空間美感、⋯⋯，積極的業者又找到商機了，以下是 2 個成功的案例：

IKEA： 利用擴增實境技術，開發專屬手機 APP，讓消費者直接模擬家具擺入家中的場景，並且可以任意移動位置、旋轉，並提供 360 度視角。

ROOM CO：同樣使用擴增實境技術，功能比 IKEA 更先進，模擬的家具還可挑選不同的顏色、材質。

通路轉移：食品業

生鮮食品業者都認為 Amazon 無法跨入生鮮超市產業，因為「新鮮」很難透過網路科技體驗，不料，Amazon 收購了全美最大生鮮超市 Whole Foods Market（超過 400 家門市），並提供線上購物專送到家及停車場提貨的服務，順利將通路由「線下」轉移到線上，消費者為何接受呢？分析如下：

A. Whole Foods Market 在美國是生鮮超市第一品牌，美國消費者相信它。

B. Amazon 的配送服務在美國有很棒的口碑。

C. 消費者相信 Amazon 處理客訴的態度。

D. Amazon 的 VIP 會員對於線上採購生鮮的接受度高，而且 VIP 會員群體夠大。

目前生鮮食品產業進軍網路族群，目標市場鎖定在高消費族群，這個族群有較高的收入與教育程度，對於企業品牌、食品認證的接受度高，而且願意為了健康付出較高的價格，因此目前這個成功的模式多在日本、美國、香港等先進地區、國家推行。

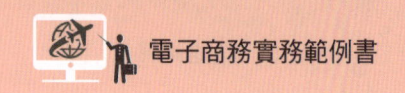

通路轉移：餐飲業

部分餐廳提供外賣服務，更有些餐廳提供外送服務，尤其是專門提供簡餐、便當、小吃、飲料的餐廳，每一家餐廳自行聘請送貨員，業務量不夠大的餐廳無法提供外送服務，即使提供服務，尖峰時間外送效率極差。

與上一節 Uber 運作方式大致相同，餐廳與消費者透過手機 APP 平台進行交易，一個配送員不再專屬於一家餐廳，所有的閒置人力都可投入市場，大幅度提升餐飲外送的服務效率。

當消費者的飲食通路由「線下」轉移到「線上」同時，房地產業也開始產生變化了，傳統餐廳講究「地點」，而且偏好一樓，因此都會區的店面租金昂貴，當通路轉移到「線上」的比例不斷提升之後，專營「線上」通路的餐廳就會增加，對於所謂的黃金店面需求就會下降。

另外，共享經濟逐漸發達的結果，人們上班的模式產生極大的改變，從被一家公司專屬雇用，改變為「分時」、「分眾」雇用，企業將非核心事業外包的人力資源策略也將更為全面。

📖 連鎖 → 數位

傳統早餐店上一個世代的進化在於「連鎖經營」，也就是共享「品牌」，加盟者付出加盟金然後取得業者的經營輔導，並提供原料、食材，由於技術門檻並不高，因此許多加盟者在合約結束後，都選擇不再續約，改用自家招牌，並自行尋求供貨商，「美而美」算是這個產業的代表。

新一代的早餐店以 QBurger 為代表，採用線上預先點餐，到店立即取餐的商業模式，享用現做新鮮餐點又不需等候，再加上消費積點、線上優惠券，充分展現整合行銷的威力。

QBurger 早餐的客單價比傳統早餐店最起碼高出 30%，但憑藉高品質的餐點與專業的服務，QBurger 在 10 年快速展店 320 家（2013 年成立），並在疫情期間創造 30% 的高業績成長，它賣的不只是早餐，更是健康、時尚、便利。

筆者是 QBurger 的忠實消費者，喜歡的理由就是：好吃、不用等，因為在家就可點餐，開車過去便可直接取餐，偶而還出現 10 元抵用券（小確幸），然而傳統早餐店現做餐點，最起碼得等個 15 分鐘（熱門時間），停車又不方便，因此對於筆者而言，雖然每一頓早餐由 60 元「升級」為 100 元，卻是十分划算，因為是消費「升級」，而不是「變貴」了！

習題

（　）1. 以下對於 O2O 的敘述，你一個項目不是正確的？
　　　(A) 第 1 個 O：On-Line　　　　(B) 虛實整合
　　　(C) 2 = To　　　　　　　　　　(D) 第 2 個 O：Office-Line

（　）2. 以下哪一個項目不是「一支手機走天下」的具體實踐？
　　　(A) 黑客技術為所欲為　　　　(B) GPS 定位系統克服地理障礙
　　　(C) 翻譯軟體克服語言障礙　　(D) 社群軟體瞭解風土民情

（　）3. 以下哪一個項目是「服飾業」進入線上購物市場的最大障礙？
　　　(A) 價格　　　　　　　　　　(B) 體驗
　　　(C) 服務　　　　　　　　　　(D) 方便性

（　）4. WARBY PARKER 推出的即時眼鏡線上模擬系統 APP，是採用以下哪一種技術？
　　　(A) 虛擬實境　　　　　　　　(B) 混合實境
　　　(C) 擴增實境　　　　　　　　(D) 全能實境

（　）5. IKEA 開發專屬手機 APP，讓消費者直接模擬家具擺入家中的場景，並提供 360 度視角，是採用以下哪一種技術？
　　　(A) VR　　　　　　　　　　　(B) MR
　　　(C) OR　　　　　　　　　　　(D) AR

（　）6. 目前生鮮食品產業進軍網路族群，目標市場鎖定以下哪一個族群？
　　　(A) 高消費族群　　　　　　　(B) 高齡族群
　　　(C) 上班族群　　　　　　　　(D) 婆婆媽媽族群

（　）7. 「共享經濟」逐漸發達後哪一個情況將消失？
　　　(A) 非核心業務外包　　　　　(B) 分時雇用
　　　(C) 終身雇用制　　　　　　　(D) 分眾雇用

（　）8. 書中提到 Qburger 買現做早餐不需要等候，是因為採用了以下哪一項服務？
　　　(A) 服務較率極高　　　　　　(B) 全自動化作業
　　　(C) 提前備料　　　　　　　　(D) 提前 APP 點餐

CHAPTER

10

分享經濟

家庭泳池　　　　　　　　　社區泳池

共享是一種社會發展的趨勢，因為共享能創造極大的效益！

早期的美國住宅，每戶都會有游泳池，近年來，社區游泳池取代了家庭游泳池，因為家庭游泳池的使用率不高，維護成本高，面積不夠大、不夠豪華，社區游泳池除了個人隱私性之外，可說是在各方面都完勝家庭游泳池，社區內的公共設施，如：球場、韻律教室、小公園、綠地、會議室、交誼廳、…，以社區居民共享的設計理念，讓資源使用效應最大化。

社區內由於距離近，因此便於分享，但社區外的資源可否共享呢？單車共享已經是一個成功案例了，但汽車可以共享嗎？房屋可以共享嗎？物聯網以及行動商務技術讓這一切變成可能，目前 Uber 就是汽車分享的概念廠商，Airbnb 就是住宅共享的全球領頭羊，市場上對於這兩項分享絕對有重大需求，但必須克服的是對於租車業、旅館業的法規衝擊、管理辦法衝擊。

科技創新相對是很容易的，但建立新的管理規則卻需要時間去摸索、學習，目前台灣的 Uber、民宿都卡在這個問題上。

分享經濟 10

📖 YouBike 分享模式

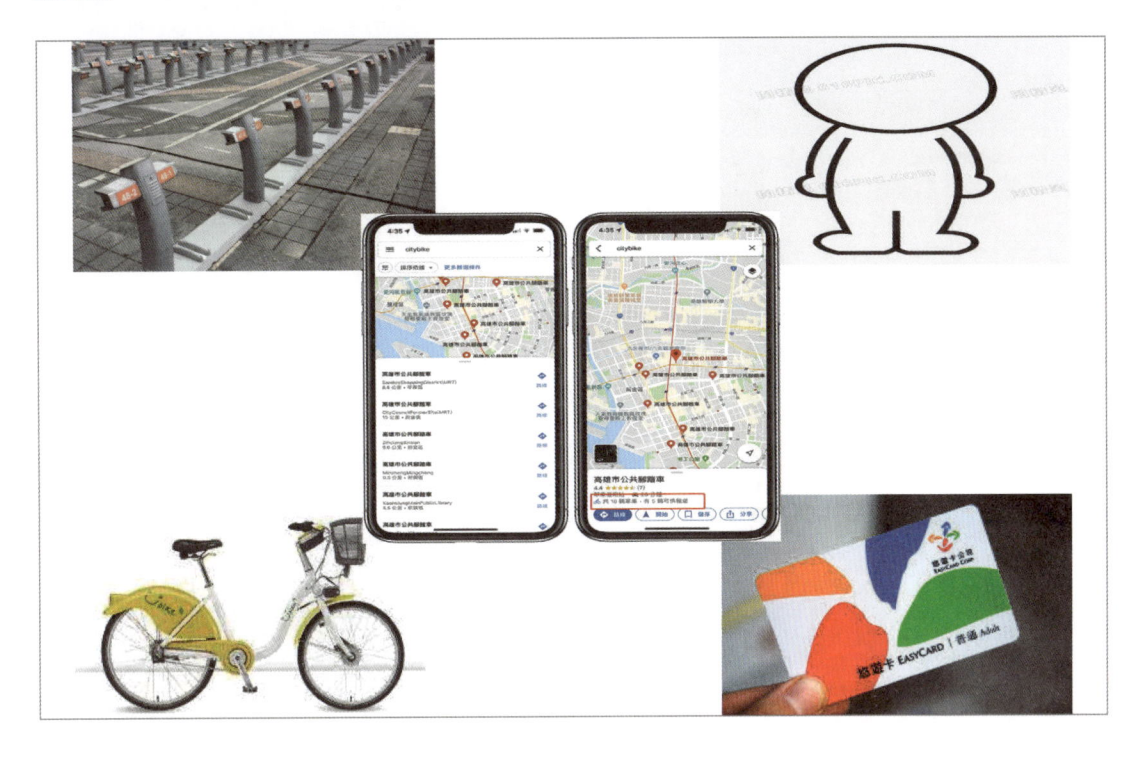

物體1：手機、物體2：悠遊卡、物體3：自行車、物體4：停車樁

YouBike 系統將物體 1、2、3、4 串連在一起，各物體的功能說明如下：

手機： 利用網頁或 APP，標定物1（自己）的位置，物4（鄰近停車樁）的位置，並顯示物3（自行車）的可租借數量。

悠遊卡： 租車時對著停車樁作開始租車登錄動作，還車時透過停車樁停止租車，並進行電子扣款。

停車樁： 負責借車（登錄）、還車（登出）、悠遊卡扣款。

自行車： 被租借時脫離停車樁，還車時卡入停車樁。

因為物聯網技術，因此 4 個物件可以輕易串聯，形成單車租借系統，有人說固定停車樁借車、還車都不方便，中國 ofo 分享單車便採用無停車樁系統，表面上更科技更方便，但隨地棄置、破壞單車的亂象，導致失敗收場，【科技創新 + 管理機制】才是創新商務模式的可行方案。

163

服務整合平台

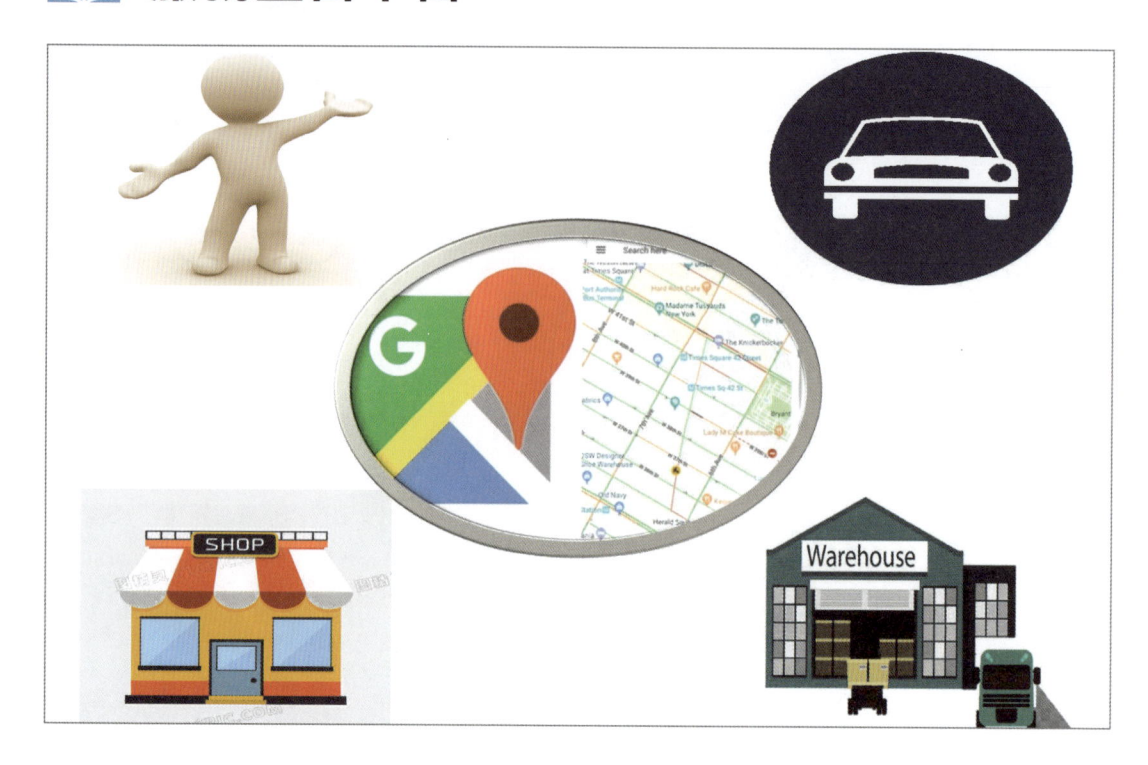

萬物聯網最大的效益便是：資源整合，將人、商店、商品、倉儲、交通工具…等等，全部整合在一起！

各行各業的單一廠商，在傳統商務時代永遠都是個體戶，只能做社區生意，因此金店面很值錢，有了網路之後，透過網友介紹會多了一些外地遊客，但個別商家無論在行銷、接單上都不具備經濟規模，因此永遠是看天吃飯的個體戶。

百貨公司就是一種經營賣場的產業，負責整體行銷、賣場經營，那網路上是否可以有類似百貨公司的機構，為所有個體戶服務呢？你會說：網路商店啊，沒錯，但側重於買賣業，服務業呢？無形商品，那就得透過物聯網了，以下我們就透過一些實務案例，來說明物聯網在服務整合平台的應用。

📖 計程車派車服務

計程車提供戶對戶的便利性，搭車的客人不需要轉搭其他交通工具或步行，是目前都會交通運輸最便利的選擇，但計程車業者面臨 2 大問題：

尖峰時間： 客戶叫車需求量大，但交通堵塞，時間全部耗在車陣中，因此根本賺不到錢。

離峰時間： 客戶叫車需求量小，空車在街上繞半天、在計程車招呼站排班等半天，客人稀少因此也賺不到錢。

透過 GPS 定位系統，車隊對於每一部車的位置可以精確掌控，透過叫車 APP，每一位顧客的乘車紀錄形成大數據，經過分析，車隊管理效益如下：

- 引導司機避過堵塞路段，調派距離客戶最近的車輛。
- 統計：什麼日期、什麼時段、什麼區域需求最大，提高營運效率。
- 對於行車路線、負責司機都有完整紀錄，提高客戶搭車安全性。

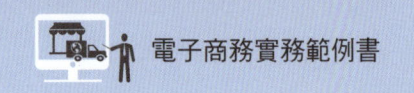

Uber 叫車服務

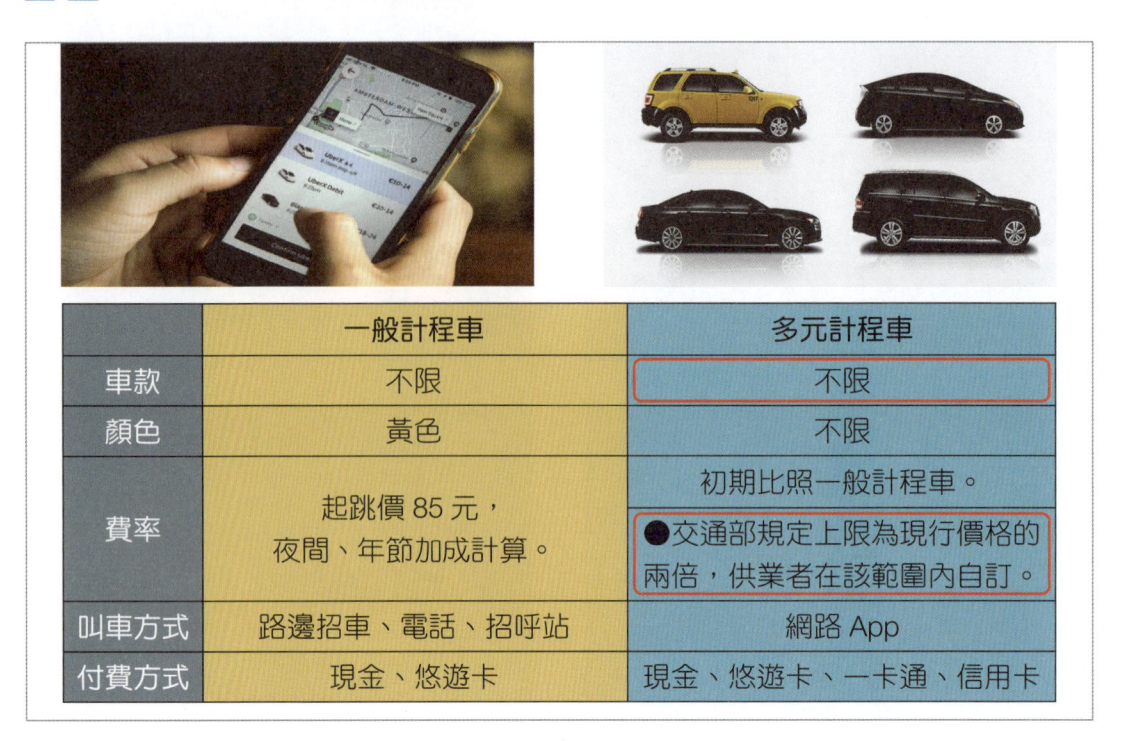

	一般計程車	多元計程車
車款	不限	不限
顏色	黃色	不限
費率	起跳價 85 元，夜間、年節加成計算。	初期比照一般計程車。●交通部規定上限為現行價格的兩倍，供業者在該範圍內自訂。
叫車方式	路邊招車、電話、招呼站	網路 App
付費方式	現金、悠遊卡	現金、悠遊卡、一卡通、信用卡

計程車是固定式的經營，Uber 是將閒置車輛資源與客戶需求做整合，有需求才出車，屬於資源再利用的概念。

假設我是一般上班族，平日開車上、下班，固定路程中可以提供共乘服務，下班後、假日我和我的車可以提供出租車服務，但我這樣的個體戶與有需求的消費者是沒有連結的，Uber 就如同出租車業的百貨公司，提供一個叫車平台，個體業者隨時可以上線提供服務，消費者透過 APP 叫車，Uber 平台負責媒合。

Uber 的車型、費率都是變動的，讓出租車業務更多元化，休旅車貴一點、夜間行車貴一點、尖峰時段貴一點、…，以價格的差異調節供給、需求量，如此一來，尖峰時間就不怕叫不到車，因為價格高自然會吸引較多個體戶投入，非尖峰時間價格低，願意提供服務的人自然減少，就不會供過於求了，這是 Uber 與計程車最大的差異！

目前 Uber 要求加盟車在營業時必須全程錄影，並在客戶以 APP 叫車時以簡訊告知，大大提高顧客出行的安全性，並有助於乘車糾紛發生後的責任釐清。

📖 無人出租車

「自動駕駛」技術應用在飛機、輪船上已經有很長的歷史了，但應用在汽車上卻是這幾年的事情，因為路上交通比空中、海上要複雜的了，一旦自駕車實施大規模商業運轉，將帶來巨大商機，以下是目前領導廠商介紹：

Waymo： 2010 年 10 月推出全球首創的無人計程車服務，截至 2024 年 8 月統計，Waymo 車隊擁有 700 輛車，系統已更新至第六代，每週收費載客次數已達 10 萬次，但技術尚未完全成熟，依然發生集體當機堵塞街道的情形。

蘿蔔快跑： 2022 年 8 月由百度推出的無人車駕駛服務，截至 2024 年 8 月統計，蘿蔔快跑的服務已涵蓋中國 11 個城市，目前技術尚未成熟，總部設有遠端處理中心，事故（事件）發生時，專「人」便會由遠端進行事件排除。

RobotTaxi： 由 TESLA 推出的自動駕駛系統，目前已更新到第 13 代，藉由 AI 系統的訓練，自動駕駛技術的成熟度獲得快速飛躍，是目前自架技術的領頭羊。

美食外送

美食外送與 Uber 的商業模式是一致的，Uber Eats、Foodpanda 提供美食訂購平台，小餐廳提供餐點、個體服務員加入送餐、消費者點餐，系統負責媒合、整合，美食外送平台提供的價值如下：

- 解決小餐廳無法負荷專屬送餐人力、行銷費用、網路接單的問題。
- 個體服務員按件計酬，大大提高服務效率與服務品質。
- 平台提供的餐點多元化，消費者的選擇大幅提高，推廣初期搭的促銷方案，外送費用幾乎免費，目前市場發展已趨於成熟，上班族、年輕族群逐漸成為消費主力。

目前連大型飲食集團都紛紛加入美食外送平台服務（例如：麥當勞），表示美食外送平台已經成為一個主流通路，為都會區提供一個便利飲食選擇。

2024 年 5 月 Uber Eats 宣布斥資 9.5 億美元併購 foodpanda，在「市場壟斷」的疑慮下，外界不看好公平會同意通過該案，外送員也出現反對聲浪。台灣公平會於 2024 年 12 月決議禁止此案。

📖 分享民宿 Airbnb

遠距離的旅遊、洽公，住宿安排是不可缺少的，傳統的選擇不外乎：大飯店、小飯店、小旅館，都是商業化經營，商品訴求：經濟、效益、乾淨。

近年來隨著經濟、教育發達，人們的旅遊也產生了質變，團體旅遊轉變為自助旅遊，再加上科技的進步，GPS 電子地圖簡便實用，APP 旅遊導覽詳實豐富，更助長了自助旅遊風。

自助旅遊客不再長時間停留於都會區，而是進行更深度的鄉野探索，這時，「民宿」變成了旅遊體驗的重要元素，雖然科技的進步，但還是必須有人建立資訊平台，讓有空餘房間的屋主上網登錄，有住屋需求的旅客上網搜尋，達到供需雙方面的整合。

Airbnb：透過 Air（網路），安排 Bed（床）、Breakfast（早餐），原始構想是一種分享經濟的概念，是一種簡易型的住宿安排，但隨著旅遊型態的改變，許多人將自己都會區的住家也拿出來出租，Airbnb 與飯店最大的不同，在於它提供了體驗「當地生活」的感覺。

萬物皆可共享

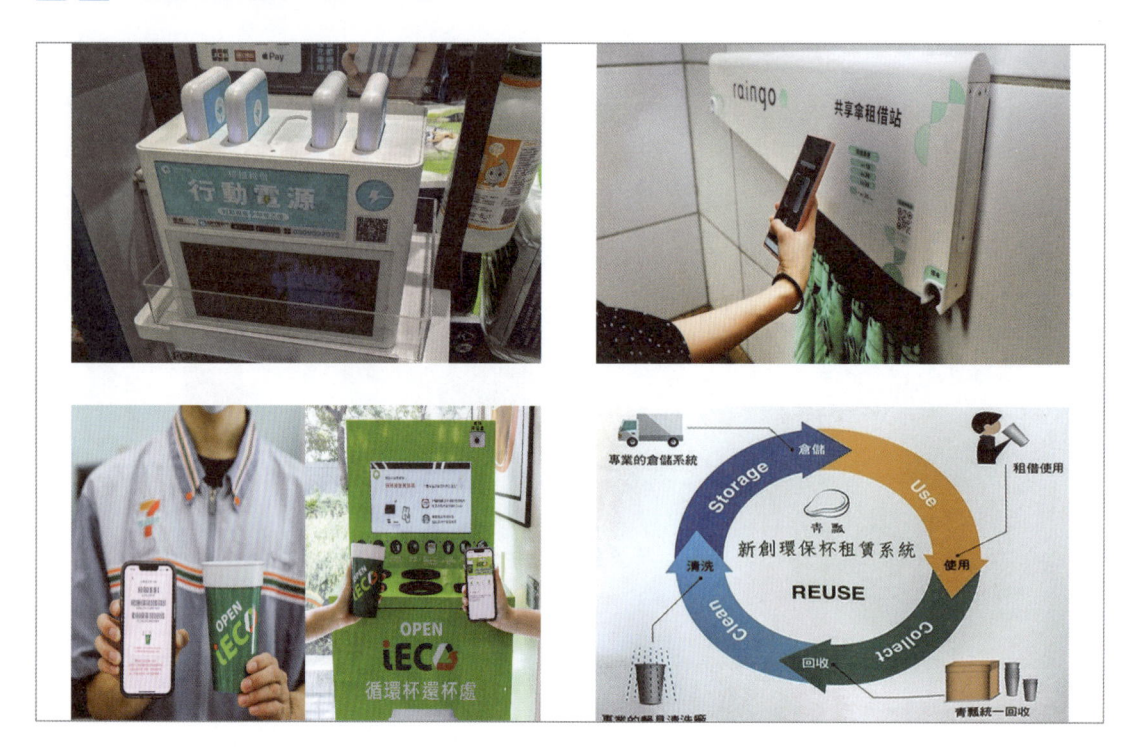

「永續發展」是目前產業發展的核心理念，而「循環經濟」是具體落實方法，因此萬物共享便是商業創新的主軸，共享最大的效益便是「節能、減碳」，以下是目前市場上熱門的創新服務：

行動電源： 人手一支智慧手機，功能越強的耗電越兇，因此外出時常會發生「手機沒電」的窘境，行動電源的租借成為一個剛性需求，目前在各大賣場、咖啡廳、熱門商圈都提供這樣的服務，還提供 A 地借 B 地還的便利。

共用傘： 台灣北部是一個雨量豐沛的地區，夏天的午後雷陣雨更是經常發生，在捷運出口、車站出口、百貨公司門口設置共用傘租借，也成為一項熱門服務。

共用杯： 喝飲料、咖啡幾乎成為全民運動，每一杯飲料都要「耗用」一個杯子，嚴重浪費資源，雖然廠商提供「自備」杯子享受折扣的活動，但多數人是不會隨身攜帶杯子的，因此在便利店內提供循環杯成為目前的主流方案。

📖 通路與回收體系

雙北YouBike站點

中壢4大超商分佈

「節能減碳」若只是一句口號是不可能成功的,道德綁架對於現代消費者的說服力也不夠,唯有絕對的「方便性」,才能在市場上獲得認同,以下以 2 個成功案例做說明:

共享單車:YouBike 目前已經由台北市推廣至全台灣,是一個成功的分享商業模式,關鍵在於「方便」借、「方便」還,若 YouBike 站點不夠密集,借車還車得先走個 10 分鐘以上,或是到了站點卻無車可借、更糟糕的是借到故障車發生意外,因此共享單車系統的營運能力才是成功的保證。

便利商店:萬物皆可分享,但去哪裡借?又去哪裡還?台灣地狹人稠的特性造就了循環經濟的絕佳環境,連鎖超商、連鎖飲料店、連鎖…,這些實體店面都是分享經濟商品的最佳交換點(租借點、返還點)。

7-11 發源於美國、發展於日本、卻在台灣成為「極致」!這樣的成功除了歸咎於統一集團的創新求變,經濟發展與社會型態的改變更進一步助長其發展。

📖 企業租借

資產、費用、現金流

貨車、辦公室、工廠、電腦、影印機、⋯，在早期的商業模式中，上述這些東西都被視為「資產」，所以企業開辦時便必須籌措大筆資本，這些東西買入後若覺得過時了、效能不足了，就面臨報廢的抉擇。

進入電子商務時代後，在資訊精準快速傳遞的環境下，二手商品市場蓬勃發展，更帶動了租賃市場的崛起，企業在考慮靈活運用資金的前題下，「租賃」成為企業添置或更新設備的選項之一。

硬體可以租借、軟體也可以租借、系統也能租借，現代企業強調專業分工，核心競爭力以外的業務都可以外包，因此許多企業開始將「資訊中心」外包，在這一股風潮下，雲端服務 Cloud Service 因應而生，而 Amazon 就是這個產業的佼佼者，企業的資訊中心不用再建置大量的伺服器、網路、管理人員，租用 Amazon Web Service 即可，企業只需要少數的資訊人員負責系統建置及日常維護即可。

甚至連「人」都可以租賃，非核心崗位的工作都以專案簽約方式聘用人才，好處：專案結束人即解聘，避免傳統模式下組織結構的膨脹。

📖 習題

( ) 1. 以上哪一個項目是「住房」分享？
  (A) Airbnb   (B) Tribargo
  (C) Booking   (D) Uber

( ) 2. 書中提到 YouBike 的成功，主要歸功於以下哪一項因素？
  (A) 科技創新   (B) 管理機制
  (C) 財務結構   (D) 消費者公德心

( ) 3. 以下哪一個項目是「物聯網」最大的效益？
  (A) 降低成本   (B) 提升效益
  (C) 資源整合   (D) 節省時間

( ) 4. 以下哪一個項目，對於「計程車經營」的敘述不是正確的？
  (A) 尖峰時段大塞車賺不到錢 (B) 離峰時段客人少賺不到錢
  (C) 供需失衡賺不到錢   (D) 叫車平台抽成太高賺不到錢

( ) 5. 以下哪一個項目，對於「Uber」的敘述不是正確的？
  (A) 安全性叫計程車差   (B) 資源再利用
  (C) 調節市場供需   (D) 彈性費率

( ) 6. 以下哪一個項目，對於「無人出租車」的敘述不是正確的？
  (A) 蘿蔔快跑是中國品牌   (B) 自動駕駛是新創技術
  (C) Waymo 最早進入市場   (D) Robotaxi 是 TESLA 所發表

( ) 7. 以下哪一個項目，對於「美食外送平台」的敘述不是正確的？
  (A) 提供多元餐點   (B) 外送員是獨立個體戶
  (C) 家庭主婦是消費主力   (D) 餐廳免除行銷費用

( ) 8. 以下哪一個項目，對於「Airbnb」的敘述不是正確的？
  (A) 是民宿分享平台   (B) 體驗當地生活
  (C) 提供早餐   (D) air 表示提供空調

( ) 9. 以下哪一個項目，是落實「產業永續發展」的具體落實方法？
  (A) 循環經濟   (B) 擴大內需
  (C) 加大出口   (D) 加入區域經濟

(　) 10. 以下哪一個項目，是落實「節能減碳」最有效的因素？
　　　(A) 整府鼓勵　　　　　　　　(B) 絕對的方便性
　　　(C) 學校教育　　　　　　　　(D) 企業公益

(　) 11. 以下哪一個項目，對於「企業租賃」的敘述是不是正確的？
　　　(A) 增加企業資金的運用效率　(B) 非核心業務皆可租賃
　　　(C) 租賃設備將會降低獲利　　(D) 人才租賃是發展趨勢

CHAPTER 11

大數據、人工智慧

開採煤礦就是將山挖開，在整座山中找尋礦脈，至於淘金那就更費事了，由大量的砂石中將金子淘洗出來，由於高科技商品生產的需求，目前又對稀土金屬有強大的需求，而稀土的開採更是需要高科技技術的精煉。

資訊應用的層次就有如上述的：採礦 → 淘金 → 精煉稀土，在物聯網的時代中資訊爆炸性成長，每一個人的移動軌跡、購物清單、線上聊天、製作文件、…，都是資訊，每一個地區的氣候變化、經濟產出、法令頒布、新生兒人數、…，也都是資訊，這些資訊就不斷被堆積到雲端伺服器中，我們稱為大數據，它就有如一座一座的資訊礦山，等待人們去挖掘。

那些資訊是有用的？對誰有用的？什麼時候才有用？現代煉金術就是由大數據中開採、淘洗、精煉有用的資訊，有些資訊的用處是已知的，有些卻是未知的，例如：採礦、淘金早就為人所知，而稀土金屬卻是近數十年來才被科學家證實它的價值。

AI 就如同一個充滿經驗的採礦技工，協助人們在浩瀚的巨量資料內淘出有用的資訊。

📖 人類智慧 vs. 產業自動化

現代都會人士上班就是：忙、忙、忙⋯，下班就是：累、累、累，因此速食文化攻佔了上班族的生活，速食店紛紛推出 49 元早餐，跟路邊攤、早餐店搶生意，更推出不用下車即可購物的「得來速」：3 步驟 60 秒完成客戶所有服務作業，這樣的作業流程是不自動、不聰明的！比早餐店的老闆娘遜色多了！

改進建議如下：

客戶身分識別： 目前得來速的設計只是單純的讓服務速度變快，若要達到服務智慧化，首先就應該在進入車道後，根據車牌辨識技術進行消費者身分辨識。

點餐自動化： 根據客戶歷史消費習慣，點餐方式應該可以更自動化、智慧化。

最佳點餐建議： 根據客戶歷史消費習慣，搭配目前促銷方案，給予客戶最佳化點餐建議。

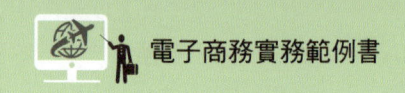

醫療、照護、健檢、運動產業

醫療、照護、健檢、運動是互為因果的 4 個相關聯產業：

- 平時運動多，健康多很多
- 健檢確實作，疾病不發作
- 照護社區化，醫療效率化

醫療、照護是人力密集的產業，如何提高自動化程度，成為老人化國家的優先課題，台灣已跟隨著日本的腳步進入高齡社會了，利用物聯網穿戴裝置、民眾社區服務站將個人身體資訊上傳雲端，可以將醫療醫學轉化為預防醫學，透過雲端資料庫，醫療、照護、健檢、運動形成一個上、下游關係的完整體系，住院、轉診、居家照護的所有資料全部在雲端。

醫療、照護、健檢、運動產業都是附加價值很高的產業，也是有錢又有閒的產業，多金的老年人對於健康的追求，有如秦始皇求長生不老仙丹，各個產業的廠商都可以有意義的解讀雲端資訊，創新商品、服務、商業模式。

📖 精準行銷

台灣最大的網路書店博客來曾與中研院合作，將購書資訊與使用者的年齡、年收入等資料進行分析，找出不同消費者偏好的書籍種類，勾勒出消費者形象。在商業理財類別，研究者就發現：

- 25 歲以前的消費者偏好購買「生涯規劃」類別的書籍
- 30 歲以後的消費者則會受「快速致富」等主題所吸引
- 如果財經類別使用「輕鬆」一詞做書名的書籍較暢銷
- 如果語言學習類別使用「輕鬆」一詞做書名，則有反效果

透過大數據分析出客群的具體形象，就能幫助出版商與經銷商在行銷時掌握客群心理，並制定更精準的行銷策略。

Amazon 大數據

一般消費者進入賣場多半是瀏覽商品,並沒有很強烈的目標性,因此如果逛不到喜愛的東西就會空手出場,如果賣場中有一位資深又親切店長情況就不同了:

- 新客戶:熱情寒暄,根據客戶的外型判斷客戶屬性,推薦適合商品
- 舊客戶:根據對客戶的認識,將目前新產品推薦適合客戶
- 成交後熱心告知目前促銷活動的加值組合商品

亞馬遜的大數據系統,不僅從每一個用戶的購買行為中獲得信息,還將每一個用戶在其網站上的所有行為都記錄下來:頁面停留時間、用戶是否查看評論、每個搜索的關鍵詞、瀏覽的商品等等,就如同一個資深的店長,親切地服務並推薦適合的商品給每一位逛商場的客戶,以下是兩個最熱門的功能:

- 推薦買過 X 商品的人,也同時買過 Y 商品
- 優惠組合針對已選購的商品 X,推薦加購商品 Y 的行銷活動。

這一切都是經過嚴謹的大數據運算的結果,推薦成功率相當高!

📖 孕婦專案

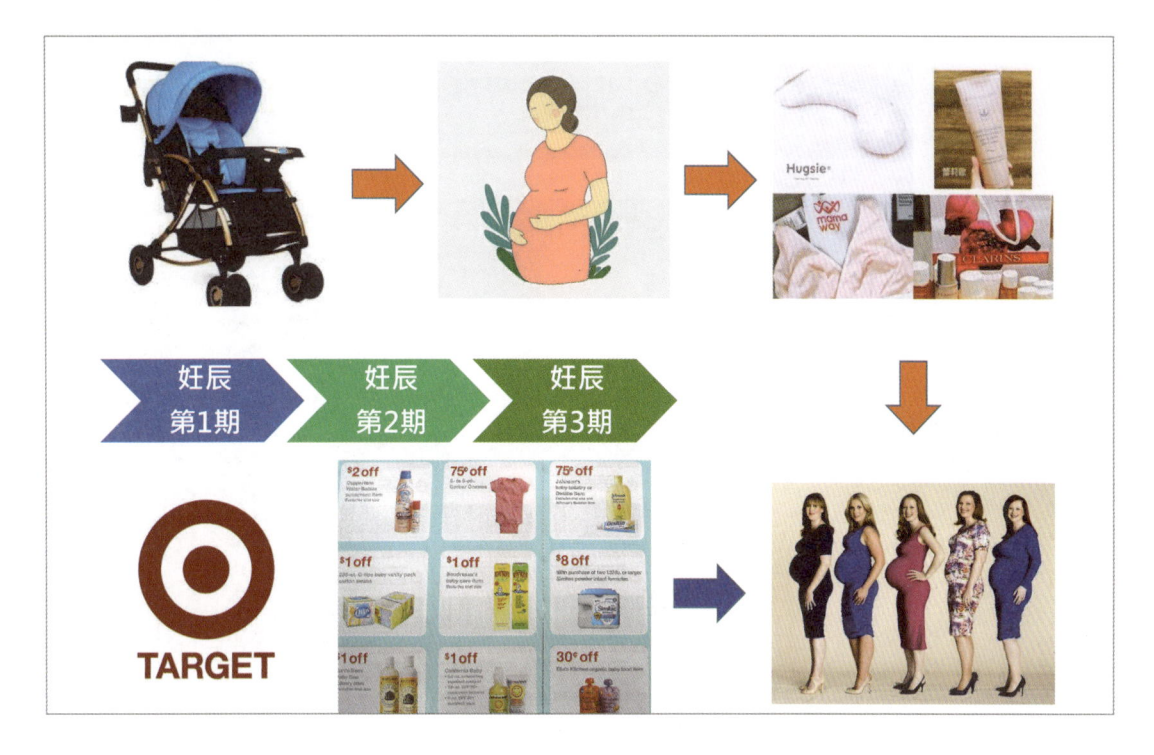

美國著名零售商 Target 想要擴展孕婦相關產品市場，因此找資訊部門支援，希望可以找出目前懷孕的客戶，但客戶是否懷孕是客戶的個人資訊，資訊系統中當然不會有這樣的資料。

他們就進行一項專案計畫，實施步驟如下：

A. 合理假設購買嬰兒床、嬰兒車的客戶或家人是懷孕的人。

B. 將這些客戶的銷貨紀錄做重疊比對，找出孕婦的【購物共同清單】。

C. 根據孕婦共同清單，合理推斷出 Target 客戶【目前懷孕名單】。

D. 根據目前懷孕名單，再仔細核對個人購買明細，判斷懷孕客戶目前屬於妊辰第 N 期。

E. 製作孕婦商品專屬 Coupon（折價券），不露痕跡的將當期的 Coupon 寄送給客戶。

資料是死的，人是活的，讓資料說話就是一門科學（法醫驗屍）！

憤怒指數

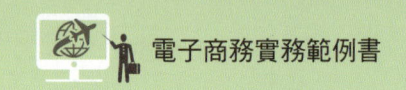

全球的網路酸民脾氣都不太好,澳洲當然也不例外,知名巧克力品牌 Snickers 卻充分利用此網路現象進行商品行銷,Snickers 與美國麻省理工學院合作,開發出「飢餓演算法」(Hungerithm),抓取社群媒體上的公開 PO 文,若該時段表達憤怒的 PO 文越多,則 7-11 賣的 Snickers 巧克力就會越便宜,價格會在「非常開心」時的 1.3 美元,到「即將爆走」時的 0.3 美元之間變化。人們可以在網站上看到目前的巧克力條價格。只要把條碼儲存到手機中,大家就可以到 7-11,用更便宜的價格買到巧克力條。

行銷方案成功的 3 個關鍵點:

- 突顯吃巧克力可以舒緩情緒的產品功能
- 以網路數據與消費產生連動、互動
- 引起媒體注意,擴大行銷效果

UPS 最佳配送路徑

貨運卡車是快遞公司最主要的生財工具，貨運卡車幾乎是日以繼夜的馬路上行駛，行車效率、車輛折舊、汽油消耗、交通事故損失這 4 個項目，是公司獲利與否的關鍵因素，而一般人所想到的行駛路徑優化，不外乎：最短行程、最速行程，但如何達到呢？請看以下案例：

美國郵包公司（UPS 優必速）是率先把「地理位置」資料化的成功案例。他們透過每台貨車的無線電設備和 GPS，精確知道車輛位置，並從累積下來無數筆的行車路徑，找出最佳行車路線。從這些分析中，UPS 發現十字路口最易發生意外、紅綠燈最浪費時間，只要減少通過十字路口次數，就能省油、提高安全。靠著資料分析，UPS 一年送貨里程大幅減少 4,800 公里，等於省下 300 萬加侖的油料及減少 3 萬噸二氧化碳，安全性和效率也提高了。

📖 Twitter 用戶情緒指數

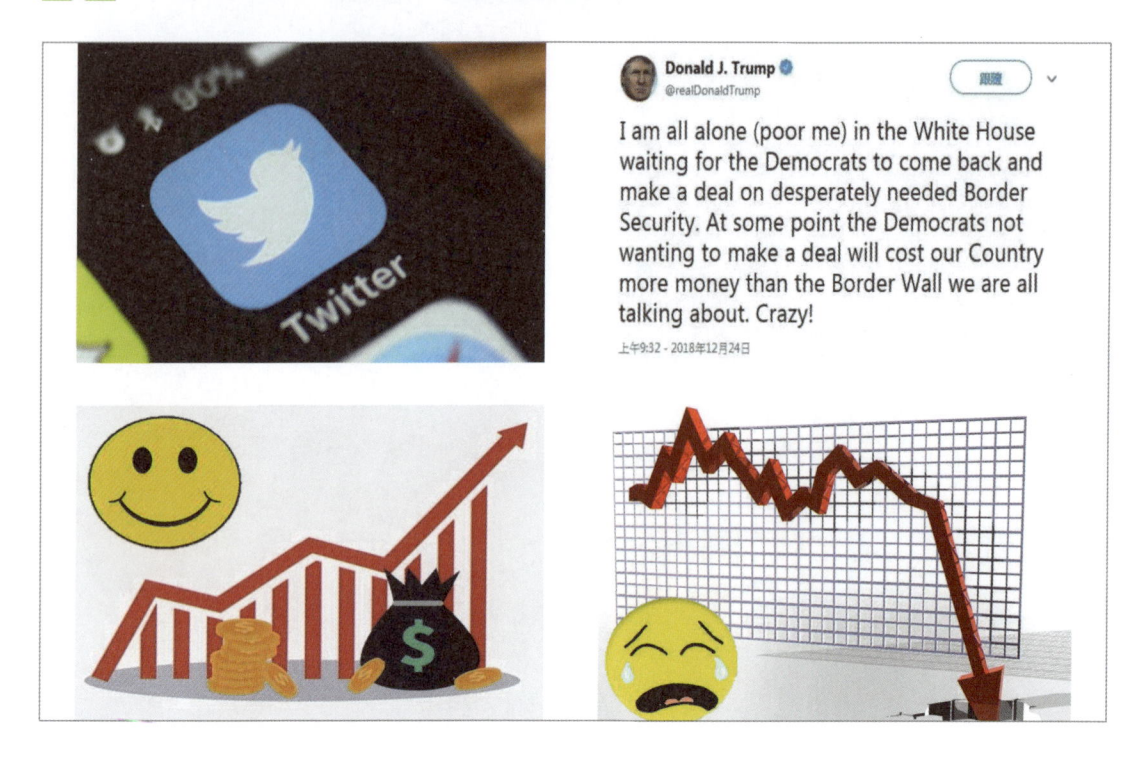

Twitter 被形容為【網際網路的簡訊服務】，在重要事件發生時 Twitter 的資訊量經常會突然猛增，舉例如下：

- 2009 年美國歌手麥可‧傑克森去世時，每小時 100,000 條訊息。
- 2010 年世界盃足球賽日本隊與喀麥隆隊爭冠，每秒鐘 2,940 條資訊。
- 2010 年 NBA 總決賽洛杉磯湖人隊贏得勝利，每秒鐘 3,085 條訊息。
- 2020 年世界盃比賽中日本隊擊敗丹麥隊，每秒產生的 3,283 條訊息。

美國總統 TRUMP 大概是 Twitter 最狂熱的粉絲之一，幾乎所有國家政策都透過 Twitter 發布，Twitter 彷彿成為美國政府的官方媒體。

DataSift 數據服務公司取得 Twitter 數據授權，開發一款金融數據產品，就是利用電腦程式分析全球 3.4 億個 web 帳戶留言，進而判斷民眾情緒，再以「1」到「50」進行評分。DataSift 根據評分結果來決定股票投資策略：

- 如果所有人似乎都很高興 → 買入股票
- 如果大家的焦慮情緒上升 → 拋售股票

註：Twitter 於 2023 年由 Elon Musk 購入後更名為 X。

📖 TESCO 精準行銷、營運

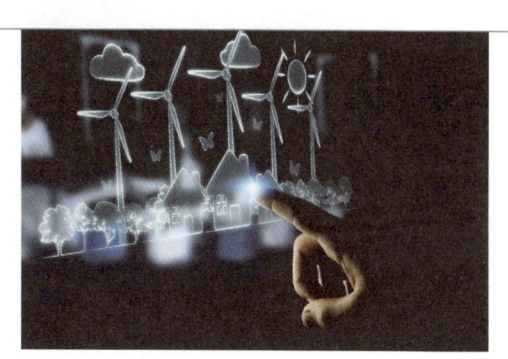

TESCO（特易購）是全球利潤第二大的零售商，這家英國超級市場巨人從用戶行為分析中獲得了巨大的利益。從其會員卡的用戶購買記錄中，TESCO 可以了解一個用戶是什麼「類別」的客人，如速食者、單身、有上學孩子的家庭等等，透過郵件或信件寄給用戶的促銷可以變得十分個性化，店內的促銷活動可以根據周圍人群的偏好與消費時段，精準調整策略，從而提高貨品的流通。另外，TESCO 每季會為顧客量身配置 6 張優惠券：

- 4 張：客戶經常購買的貨品
- 2 張：根據該客戶消費數據分析，可能在未來會購買的產品

這樣的低價促銷無損公司整體的盈利水平，透過追蹤這些短期優惠券的回籠率，了解到客戶在所有店面的消費情況。

生鮮食品是連鎖超市的主要營業項目，大量冰箱 24 小時運轉，因此電費成為商場營運費用的主角，TESCO 收集了 700 萬部冰箱的耗電數據。並透過對這些數據的分析，進行更全面的監控並進行主動的維修以降低整體能耗，降低營運成本。

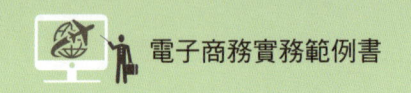

大數據：水管壓力檢測

「水」向來是個不好管理的東西：自來水公司發現某個水壓計出現問題，可能需要花上很長的時間排查共用一個水壓計的若干水管。等找到的時侯，大量的水已經被浪費了，以色列一家名為 Takadu 的水系統預警服務公司解決了這個問題：

Takadu 把埋在地下的自來水管道水壓計、用水量和天氣等檢測數據搜集起來，透過亞馬遜的雲服務傳回 Takadu 公司的電腦進行算法分析，如果發現城市某處地下自來水管道出現爆水管、滲水以及水壓不足等異常狀況，就會用大約 10 分鐘完成分析生成一份報告，發回給這片自來水管道的維修部門，報告中，除了提供異常狀況類型以及水管的損壞狀況（每秒漏出多少立方米的水），還能相對精確地標出問題水管具體在哪裡。

物聯網時代的偵測裝備具備：體積小、易安裝、低成本的特性，因此任何裝置、地點、場域都可配置具有通訊功能的偵測器，因此 Takadu 可以在短時間內輕易找出漏水的管線。

📖 節能報告書

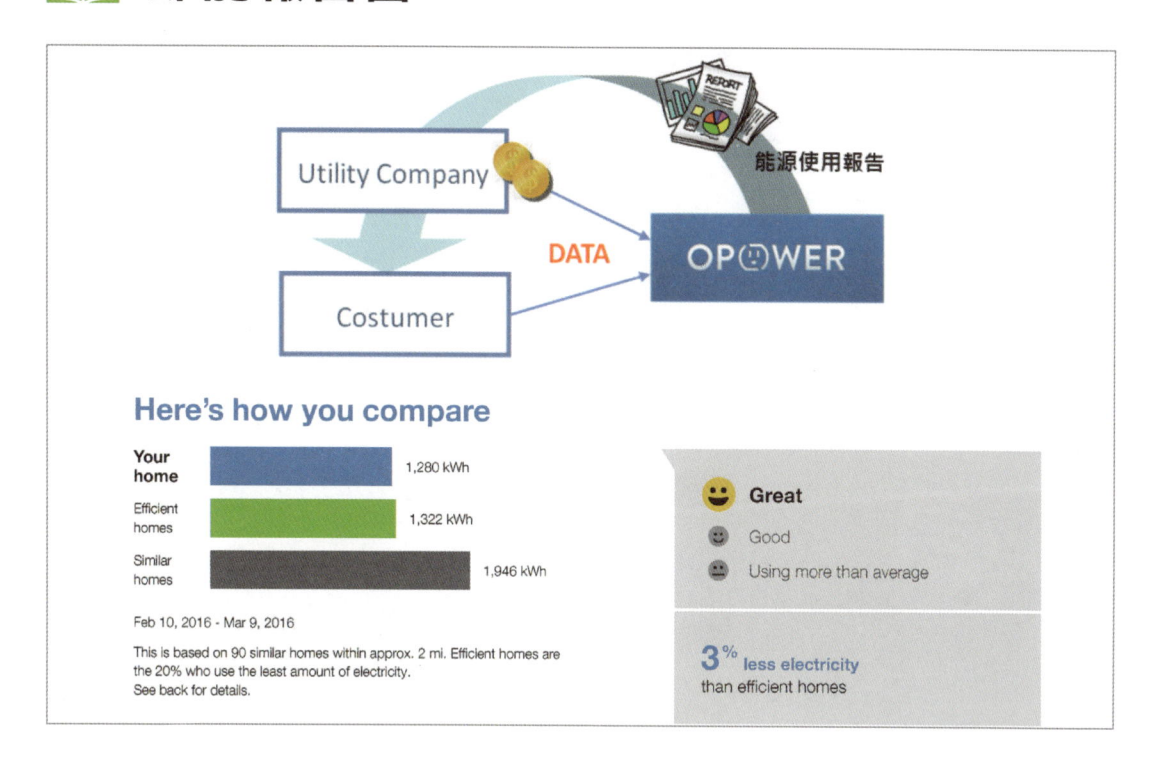

互相攀比是人類的天性，善用此天性就可激勵士氣、提高效率，例如，政府機構收集不同地點從事同類工作的多組員工的數據，將這些信息公諸於眾就可促使落後員工提高績效。

Opower 是一家專注於能源管理的公司，Opower 與多家電力公司合作，分析美國家庭用電費用並將之與周圍的鄰居用電情況進行對比，被服務的家庭每個月都會受到一份對比的報告，顯示自家用電在整個區域或全美類似家庭所處水平，以鼓勵節約用電。

Opower 的服務已覆蓋了美國幾百萬戶居民家庭，預計將為美國消費用電每年節省 5 億美元。Opower 的報告信封看起來像帳單，它們使用行為技術輕鬆地說服公用事業客戶降低消耗。

Opower 已經推出了它的大數據平台 Opower4，透過分析各種智能電錶和用電行為，電力公司等公用事業單位成為 Opower 的盈利來源。而對一般用戶而言，Opower 完全是免費的。

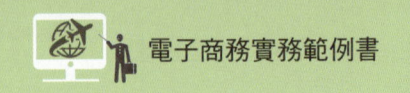

大數據競選

2012 年美國總統大選，歐巴馬競選團隊確定了三個最根本的目標：

1. 讓更多的人掏更多的錢 → 選民在什麼情況下最有可能掏腰包？
2. 讓更多的選民投票給歐巴馬 → 選民最有可能被什麼因素說服？
3. 讓更多的人參與進來 → 何種廣告渠道能高效獲取目標選民？

歐巴馬的數據挖掘團隊經過大量數據分析，得到結論：「影星喬治‧克隆尼對美國西海岸 40 歲至 49 歲的女性具有非常大的吸引力」，在克魯尼自家豪宅舉辦的籌款宴會上，為歐巴馬籌集到數百萬美元的競選資金。

歐巴馬團隊的競選訴求打動一般選民的心，因此 98% 捐款來自於小於 250 美元的小額捐款，對手羅姆尼的小額捐款比例卻只有 30%。

經過縝密的數據分析之後所制定的競選廣告，使歐巴馬團隊的廣告費用 3 億美元，低於羅姆尼團隊的 4 億美元，而 80% 的美國選民仍然認為歐巴馬比羅姆尼讓他們感覺更加重視自己。

榨菜指數

負責中國「城鎮化規劃」的國家發改委規劃司官員，需要精確知道人口的流動，但如何統計出這些流動人口卻成為難題。

榨菜是一種低價的普及化食品，有錢人、窮人都愛吃，收入高低對於榨菜的消費幾乎沒有影響，因此，城市常住人口對於方便麵和榨菜等方便食品的消費量，基本上是恆定的。銷量的變化，主要由流動人口造成。

根據研究：涪陵榨菜這幾年在全國各地區銷售份額變化，能夠反映人口流動趨勢，因此一個被稱為「榨菜指數」的宏觀經濟指標就誕生了。涪陵榨菜在華南地區銷售份額統計結果如下：

年度	2007	2008	2009	2010	2011
榨菜指數	49%	48%	47.58%	38.50%	29.99%

上表數據顯示：榨菜指數逐年降低 → 華南地區外來人口不斷流出，且呈現加速趨勢！

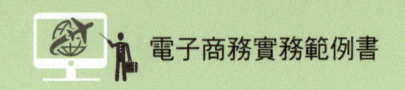

機票、商品價格預測系統

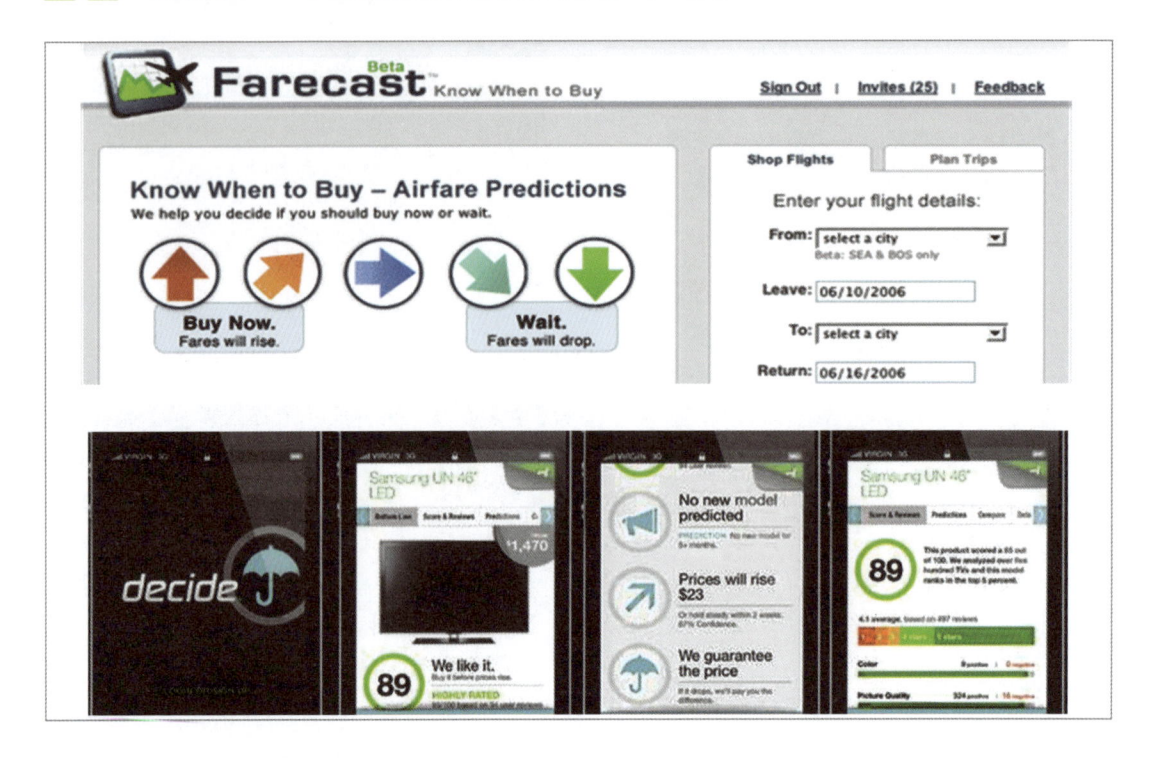

Farecast 公司開發出預測飛機票未來是漲是跌的服務，關鍵技術是取得特定航線的所有票價資訊，再比對與出發日期的關連性，如果平均票價下跌，買票的事還可緩一緩，如果平均票價上升，系統會建議立即購票。系統先在某個旅遊網站取得 1 萬 2,000 筆票價資料，作為樣本，建立預測模型，接著引進更多資料，直到現在，Farecast 手中有 2,000 億筆票價紀錄。

後來 Farecast 被微軟併購，把這套服務結合到 Bing 搜尋引擎中，平均為每位用戶節省 50 美元。被 eBay 併購的價格預測服務 Decide.com，也是 Farecast 創辦人 Oren Etzioni 的傑作。在 2012 年，開業一年的 Decide，已調查超過 250 億筆價格資訊、分析 400 萬項產品，隨時和資料庫中的產品價格比對。從普查中，他們發現零售業祕辛，就是新型號上市時，舊產品竟不跌反漲，或異常的價格暴漲，來警告消費者先等一等，再下手。

大數據：災害防治

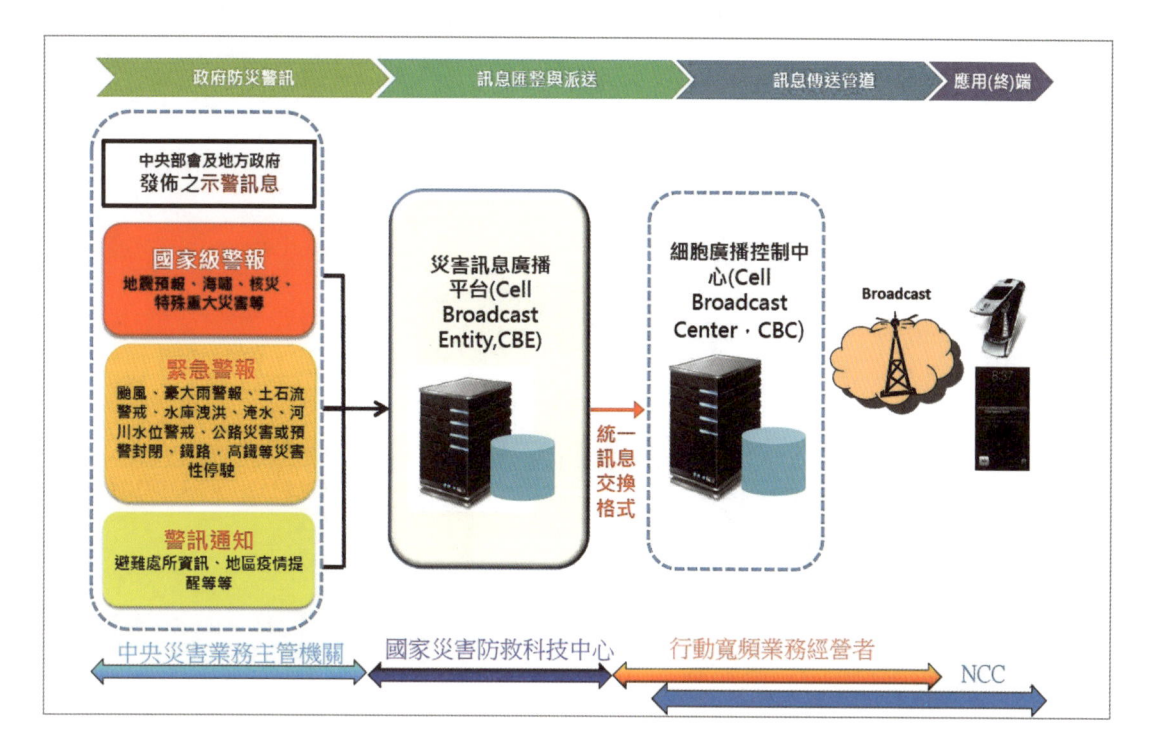

政府防災警訊 → 訊息匯整與派送 → 訊息傳送管道 → 應用(終端)

中央部會及地方政府發佈之示警訊息

- **國家級警報**：地震預報、海嘯、核災、特殊重大災害等
- **緊急警報**：颱風、豪大雨警報、土石流警戒、水庫洩洪、淹水、河川水位警戒、公路災害或預警封閉、鐵路、高鐵等災害性停駛
- **警訊通知**：避難處所資訊、地區疫情提醒等等

災害訊息廣播平台(Cell Broadcast Entity, CBE) →統一訊息交換格式→ 細胞廣播控制中心(Cell Broadcast Center, CBC) → Broadcast

中央災害業務主管機關 ← 國家災害防救科技中心 ← 行動寬頻業務經營者 → NCC

我們常會質疑：萬物聯網所產生的大數據到底有何用途？我們就以 COVID-19 疫情管控案例來說明大數據的價值：

> 2020-04-18
> 我國敦睦艦隊官兵染疫，中央流行疫情指揮中心宣布，將針對染疫官兵去過的地點發布細胞簡訊，提醒特定時間內到訪同地點（停留 15 分鐘以上）的民眾注意身體情況，粗估有 20 萬人會收到細胞簡訊通知。

國內 5 大通訊業者的基地台，透過基地台偵測手機電磁訊號，可隨時記錄每一個手機擁有者的即時移動足跡，政府與電信業者合作打造的「電子追蹤系統」，就是一個國民足跡大數據，因此可以掌控染疫官兵所遊歷過的地點，更將此資訊傳遞給曾經遊歷此景點的國民，並提醒自主健康管理。

大數據就如同一座礦山，大量的砂石中蘊藏少數的寶石，成功的企業藉由大數據行銷商品，有效能的政府藉由大數據提升行政效率！疫情解除後，國民足跡屬於個人資訊，政府若繼續使用該系統監控人民即是違法行為。

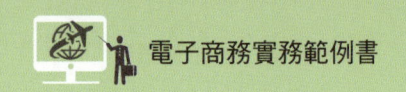

亞馬遜：物流贏在大數據

自從執行長貝佐斯在 2018 年以千億身價一躍成為全世界最有錢的人，幾乎不會有人懷疑 Amazon 亞馬遜的賺錢能力。但亞馬遜賣的不是商品，而是物流，是 24 小時把商品送到客戶家門前的能力。

電商服務比的是物流速度，但每一家龍頭企業都卯足全力投資物流中心，要想比競爭對手再快那麼一點點，就必須採取偷跑策略，Amazon 研發了一項新專利【預測式購物】，Amazon 能根據消費者的購物喜好，提前將他們可能購買的商品轉移到距離最近的快遞物流中心，一旦消費者下了訂單，立刻就能將商品送到消費者的家門口，如此一來，就能將大幅降低配送的時間。

為了找出最有機會售出的商品，亞馬遜推算出客戶感興趣的產品，使用大數據掌控物流，最快 30 分鐘就可處理完訂單，並計算出倉庫中最省力的揀貨路徑，與傳統模式相比只需要 40% 的路徑長度，大幅降低揀貨時間，簡省成本。

📖 Netflix 大數據應用：媒合

2013 年起 Netflix（網飛）製播了影片：勁爆女子監獄，在電視界掀起風潮，也讓 Netflix 成為創新的原創娛樂內容創作者。

傳統影片製作公司應用大數據的習慣：由大數據中整理出哪一類的影片題材、哪一類的角色符合觀眾的口味，根據這些資訊，製播影片，這是一種大眾行銷的模式，即使不使用大數據，電視圈的高階主管也都可憑經驗得到相近的結果。

但實際情況是：「每一年全世界生產的影片超過數萬部，消費者面對無數的影片，如何挑到自己喜歡的？」，Netflix 根據消費者過往的選片紀錄，分析出消費者對影片的喜好類型，將適合主題的影片直接推播給適合的觀眾，做的是一種媒合的工作，這才是大數據應用的精隨：個體行銷！

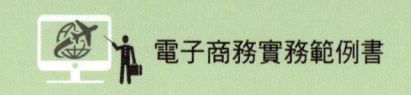

精準氣象預報創造商機

春夏秋冬四季隨著氣溫的改變，人們購買商品的種類就改變了，下雨天雨傘暢銷、夏天冷氣暢銷、冬天火鍋暢銷、⋯，天氣大大影響人們的消費，因此【天氣】也是一門好生意，超精準的天氣預測，是企業決策時的重要參考，不僅能做風險管理，還能搶奪先機：

Google 發現：突發的天氣情況會導致短時間內大量銷售物品

Google 宣稱：Google 的技術可以精準預測消費者的季節性需求

具體作法：

雪季：每年開始下雪的第一天，提高保暖衣物、滑雪裝備的搜尋排序

夏季：夏季來臨前夕，把泳衣、防曬產品移到關鍵字廣告的前段

雨天：在下雨的夜晚推出電影院、餐點外送的促銷活動

晴天：天氣晴朗的下午推出露天咖啡廳促銷活動

精準天氣預報對於旅遊業、農業更是有深遠的影響！

氣象保險

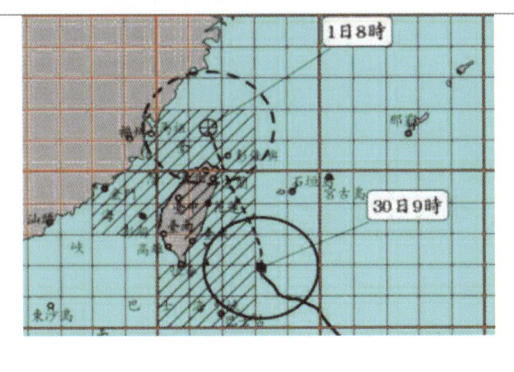

有許多行業被形容為:「看天吃飯」,最典型的莫過於農業,暴雨、颱風、缺水都會造成莫大損失,損失慘重的農民即使獲得政府補助也是血本無歸,因此投保天氣險成為避險的最佳選擇方案。

全球第一家氣象保險公司 WeatherBill(天氣帳單)能為用戶提供各類氣候擔保。客戶登錄 WeatherBill 公司網站,然後提供在某個特定時段不希望遇到的溫度或雨量範圍,網站會在 0.1 秒內查詢出客戶指定地區的天氣預報,以及美國國家氣象局記載的該地區以往 30 年的天氣資料,透過計算分析天氣資料,網站會以承保人的身份給出保單的價格。

除了農業保險之外,出門旅遊、重要戶外路演、舉辦婚禮也都可投保氣候險,一些旅遊相關產業公司也對此新產品深感興趣,甚至於飲料公司都利用氣象大數據資料來調節各地商品庫存。

習題

( ) 1. 協助人們在浩瀚的巨量資料內淘出有用的資訊，需要借助以下哪一項技術？
  (A) BI   (B) PI
  (C) KI   (D) AI

( ) 2. 以下哪一個項目，是書中內容對麥當勞得來速的建議？
  (A) 車牌辨識系統   (B) 來店禮
  (C) 週週抽   (D) 微笑表情

( ) 3. 以下哪一個項目，在「預防醫療」中扮演關鍵角色？
  (A) 大型教學醫院   (B) 醫療雲端網
  (C) 鼓勵醫生下鄉   (D) 提高醫生待遇

( ) 4. 以下哪一個項目，對於「書籍」行銷用語的敘述不是正確的？
  (A)「生涯規劃」適合職場新鮮人 (B)「快速致富」適合中年人
  (C) 財經類不適合用「輕鬆」   (D) 語言學習類必須強調「專業」

( ) 5. 亞馬遜會記錄每一個用戶在其網站上的所有行為，並將資料儲存於以下哪一個項目中？
  (A) 銷售系統   (B) 客服系統
  (C) 管理系統   (D) 大數據系統

( ) 6. 本書「孕婦專案」內容中，以下哪一個項目的敘述不是正確的？
  (A) 孕婦名單可由資訊部門提供
  (B) 由嬰兒床推估懷孕的客戶
  (C) 由嬰兒車推估懷孕的客戶
  (D) 比對消費紀錄推估懷孕期數

( ) 7. 書中 Snikers 與消費者互動的案例中，互動的標的是以下哪一個項目？
  (A) 天氣溫度   (B) 憤怒指數
  (C) 經濟指數   (D) 物價指數

(　　) 8. 書中美國郵包公司案例中，以下哪一個項目是最容一發生交通事故的地方？
  (A) 高速公路　　　　　　(B) 市場
  (C) 十字路口　　　　　　(D) 山區

(　　) 9. eBay 是哪一種類型的網站？
  (A) 人力支援平台　　　　(B) 理財服務平台
  (C) 美食外送平台　　　　(D) 購物拍賣平台

(　　) 10. 以下哪一位美國總統被稱為是 Twitter 治國？
  (A) Trump　　　　　　　(B) Obama
  (C) Bush　　　　　　　　(D) Clinton

(　　) 11. TESCO 超市利用以下哪一項數據進行冷凍櫃維修，大幅省下電費？
  (A) 維修紀錄　　　　　　(B) 耗電量
  (C) 保養手冊　　　　　　(D) 冷凍櫃雜音

(　　) 12. 城市自來管線漏水，以下哪一項可以快速、精準定位漏水點？
  (A) 人工排查　　　　　　(B) 路人通報
  (C) 大數據　　　　　　　(D) 派員巡邏

(　　) 13. 對於電力公司經營的敘述，以下哪一個項目不是正確的？
  (A) 鼓勵用戶節能　　　　(B) 鼓勵使用節能裝置
  (C) 超額用電會提高發電成本　(D) 鼓勵用戶多用電

(　　) 14. 以下哪一位美國總統利用大數據行銷成功取得小額捐款？
  (A) Obama　　　　　　　(B) Trump
  (C) Buush　　　　　　　(D) Cliton

(　　) 15. 對於書中「榨菜指數」案例的敘述，以下哪一個項目不是正確的？
  (A) 榨菜是一種低價食品
  (B) 榨菜消費量降低代表平均收入提高
  (C) 收入高低與榨菜消費無關
  (D) 人口數與榨菜消費量成正比

(　　) 16. Farecast 公司開發出預測飛機票未來是漲是跌的服務，是使用以下哪一項關鍵技術？
(A) 天氣資訊分析　　　　　　(B) 市場供需分析
(C) 大數據分析　　　　　　　(D) 專家預測

(　　) 17. 對於 COVID-19 疫情期間「電子追蹤系統」的敘述，以下哪一個項不是正確的？
(A) 通訊基地台蒐集資料
(B) 政府與通訊業者合作建立
(C) 以細胞簡訊通知相關人
(D) 解除疫情後政府仍可使用該系統監督人民

(　　) 18. 以下哪一個項目是 Amazon 的核心競爭力？
(A) 物流　　　　　　　　　　(B) 金流
(C) 資訊流　　　　　　　　　(D) 商流

(　　) 19. 以下哪一個項目號稱為網路溫度計？
(A) 網路流量　　　　　　　　(B) 網路聲量
(C) 按讚數　　　　　　　　　(D) 瀏覽數

(　　) 20. Netflix（網飛）採用以下哪一種策略，成功媒合影片與觀眾？
(A) 大眾行銷　　　　　　　　(B) 分眾行銷
(C) 個體行銷　　　　　　　　(D) 無差異行銷

(　　) 21. 以下哪一項商品在夏天是暢銷品？
(A) 素食　　　　　　　　　　(B) 速食
(C) 營養品　　　　　　　　　(D) 冷飲

(　　) 22. 以下哪一種產業被稱為典型的「靠天吃飯」？
(A) 農業　　　　　　　　　　(B) 工業
(C) 商業　　　　　　　　　　(D) 醫療產業

CHAPTER

12

創新企業

由於交通發達、通訊技術進步，全球產業逐漸發展為區域分工的模式：

已開發國家：以七大工業國為主，偏重於：研發、設計。

開發中國家：以台灣、韓國為代表，偏重於：設計、精密製造。

未開發國家：以東南亞各國為代表，偏重於：農牧、原物料、低端製造。

今天全球各國在產業鏈中所佔據的位置，是由百年教育、產業技術根基所建構的實力，並不存在「彎道超車」的幻想與機會，美國為何能站在產業鏈的頂端，人均所得是台灣的 3 倍以上，主要因素就是 Innovation（創新），家庭、學校、社會都鼓勵創新，賺的是智慧財，反觀台灣小孩從小被教育要「聽話」，因此只能從事製造業當個優秀的工程師，賺的是「賣肝」的錢，然而印度就更慘，目前正要取代中國成為世界工廠，將成為全球汙染最嚴重的地方，賺的是犧牲環境的污染財。

近代重大的科技創新幾乎都在美國發源，網際網路 → 電子商務 → 物聯網 → AI 人工智慧，這些創新一步步引領全球產業的發展，而台灣也就是這波浪潮下一個成功的追隨者。

產業護城河

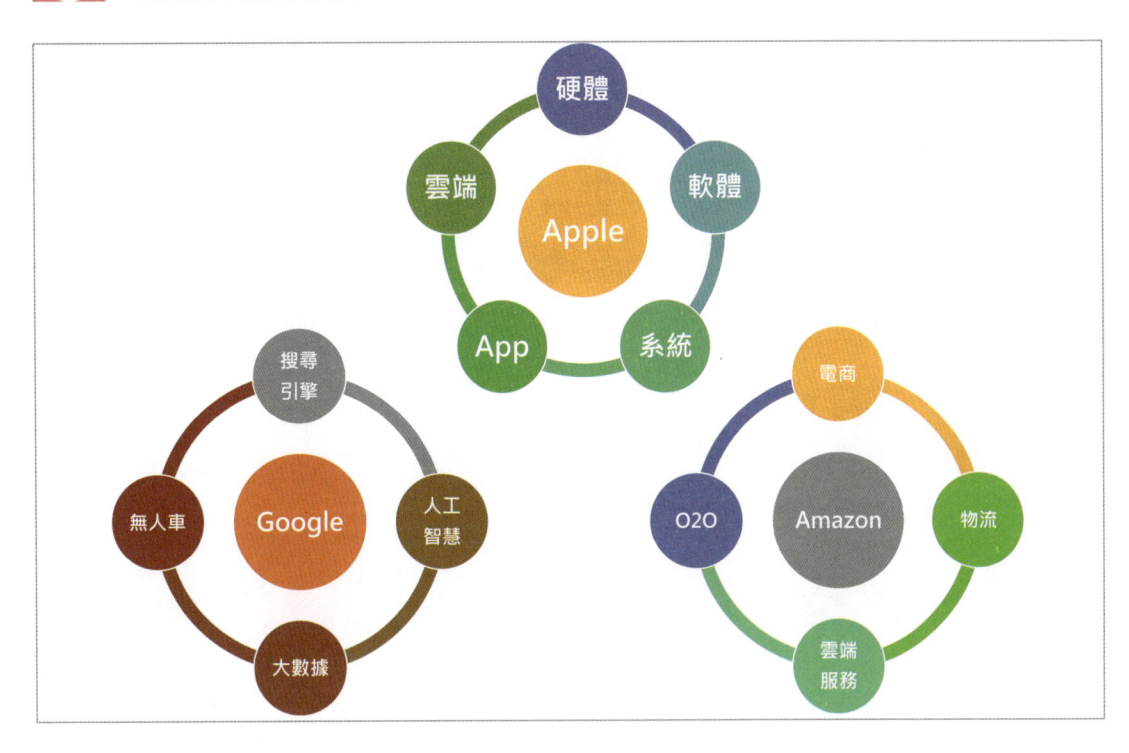

Apple：硬體、軟體、系統、App、雲端

Google：搜尋引擎、人工智慧、大數據、無人車

Amazon：電商、物流、雲端服務、O2O

近代最早期的知識產權剽竊者是日本，接著是台灣，目前是中國，這是產業發展必然的軌跡，國家弱、窮的時候，為了生存不擇手段，仿冒是最簡單的產業發展策略，公司變大了後品牌值錢了就怕被告，因此轉型為：代工生產 → 授權生產 → 委託設計生產，台灣這條轉型路最起碼走了 40 年，而日本經過 40 年的沉潛，也逐步由生產設計轉型為研發。

有許多企業因為產品被競爭企業仿冒，利益受到侵害最終倒閉，多數人都會譴責仿冒者，但筆者建議讀者思考以下問題：「這些被仿冒剽竊的服務、產品具備任何競爭門檻嗎？」，上圖三家全球龍頭企業 Google、Apple、Amazon，為何無人仿冒、抄襲呢？關鍵因素：跨產業、資本密集、技術密集，這是一種最笨的企業發展方程式，耗費數十年、數千億的不斷投入所締造的王國，因此所有追求快速財富的仿冒者不屑為之，反觀中國小米，昔日最佳的仿冒者，今日也飽受同業競爭仿冒之苦。

創新是一種「文化」，至少需要 3 代人的進化過程，但今天不做明天就後悔，台積電的成功就是台灣產業轉型的最佳見證。

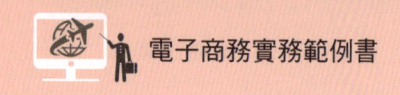

賈伯斯：創造消費者需求

蘋果電腦是永遠的老二主義者，它雖然不走技術創新的路，但它的產品卻永遠引領時尚，將市場上的成熟技術組合為超乎消費者預期的產品，因此每一代的 iPhone 都吸引全球的目光，更成為競爭著跟進的產業標準，而「極致」2 個字，讓 Apple 永遠獨領風騷，也形成今日手機產業的特殊現象：全球手機只有 2 個品牌「蘋果」與「非蘋」。

「Think different！」是 Apple 企業文化的精隨，以下 3 句話更是具體落實：

- 聘用有智慧的人才進入企業，卻要求這些人才依照我們的指令行事，是完全不符合邏輯的。
- 「創新」是領導者與追隨者的唯一的差別。
- 消費者是盲目的，他們根本不知道自己要的是什麼？直到你將產品呈現到們眼前。

賈伯斯所建立的 Apple 王國，產品創新永遠超越消費者預期，Apple 代表的是科技更是時尚！

📖 Apple：產品演進

蘋果電腦第一個產品是 Apple II 微電腦，這個產品讓電腦進入平民化時代，讓人人用得起電腦，人人可以學電腦，隨後的筆記型電腦、平板電腦、智慧手機更是引領風騷數十年。

上列的成功產品讓多數人誤認為 Apple 是一家硬體生產商，以個人電腦而言，蘋果電腦代表的高端專業使用，微軟 + 英特爾所代表的是平民一般用途，在智慧手機領域，Apple 一樣代表時尚，Android 代表平民大眾，Apple 的產品重視每一個生產細節，因此品質遠遠超過非蘋陣營產品，營業利益也遠遠優於非蘋陣營企業。

創新代表智慧，品質優異代表認真，Apple 電腦卻兼具創新與品質，讓所有的追隨者只能跟著屁股遙望 Apple 的車尾燈。

再強調一遍，Apple 的硬體產品並非實質上的技術創新，而是成熟技術的完美應用，再加上品質追求，在長久的品牌經營之下，Apple 的產品永遠在藍海市場中享受高毛利。

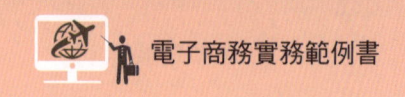

📖 APPLE：硬體 → 軟體 → 系統 → 生態

台灣早期是世界工廠，目前在電子產業領域更有傑出的成就，但台灣廠商的發展大多專注於某個領域，無法做到上下游垂直整合，或者是跨產業水平整合，因此難以構建競爭的護城河，產品與服務隨時有競爭對手與替代品的情況下，低毛利成為常態。

Apple 除了硬體的品質、設計成為產業標竿外，Apple 電腦、手機擁有自己的作業系統 iOS，所有想跟 Apple 競爭的硬體公司，只能採用 Android 系統，iOS 系統是輕薄短小、量身訂做的，Android 卻是通用套裝，iOS 的運作效率完全輾壓 Android，目前所有 Android 的廠商加起來才勉強與 Apple 打個平手。

Apple 家族還有線上支付系統 Apple Pay、雲端服務系統 iCloud、App 發行系統 App Store，完全達到跨產業水平、上下游垂直整合，因此沒有一家廠商有辦法挑戰 Apple 的市場地位，中國的華為推出自行研發的作業系統「鴻蒙」，但由於缺乏 App 生態系的軟體支援，因此華為手機只能在中國內銷，而整個 App 生態系內千萬個應用軟體是以數十年時間，由全球第三方專業人士所建構出來的，即使賈伯斯離世超過 10 年，Apple 的競爭護城河依然無人可以跨越。

📖 馬斯克：移民火星

TESLA 創辦人馬斯克是繼 Apple 賈伯斯之後，被世人稱道的偉大創業家，為何這些成就都發生在美國？因為美國是一個鼓勵「夢想」的國家。

工業革命之後地球環境汙染日趨嚴重，各國政府也致力於「環境保護」的推動，這就是一般人的「務實」，但年輕時的馬斯克卻立下志願「帶領全人類移民火星」，這就是「夢想」，但這樣的夢想在美國是不會受到嘲笑與歧視的。

馬斯克的「火星移民」具體目標的：「2050 年 100 萬人移居到火星」，這個計劃必須克服以下問題：

- 先進、高速、大容量的飛行載體。
- 克服火星上自然環境的嚴苛條件。
- 無限量的長期研發資金挹注。

這一切問題都必須透過「成功」的企業經營才能解決，20 年來，馬斯克創建了 TESLA 純電動車公司、Solar City 太陽能電源管理公司、Space X 火箭發射公司、Boring Company 隧道挖掘公司、Star Link 衛星通訊公司、…，這一切都在為逐夢進行「技術研發」與「資金籌措」做努力。

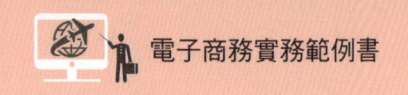

TESLA：垂直整合

電動車	建置充電樁	能源管理
電池管理系統	產業標準	生產自動化

TESLA 就是純動車產業的霸主，天天有人發新聞企圖挑戰 TESLA 的盟主霸權，一下說「續行旅程」輾壓 TESLA、一下子說「智能駕駛」超越 TESLA，甚至有人說「冰箱、彩電、大沙發」狂噴 TESLA，真是受夠了！只要 TESLA 還是產業龍頭的一天，這種搞笑新聞就會持續八卦下去。

TESLA 在純動車的 3 電技術（電機、電控、電池）整合目前獨步全球，為何「獨步」，因為所有競爭廠商都不具備「整合」能力，空有單一項技術領先，對於整車效率提升是有限的，除此之外，TESLA 賣車之前就先佈局該地區的充電樁建置，目前美國、歐盟都要求 TESLA 必須開放充電樁供它牌電動車使用，這就是來自官方的權威認證，試問：「開著雙 B 車，在 TESLA 的充電站充電心中是何滋味？」。

有人說中國電動車稱霸全球，那這個人勢必是文盲，TESLA 單車獲利是中國比亞迪的 3 倍，除了比亞迪，中國新能源車廠全部是賠錢賣車，在如此不擇手段的競爭下，TESLA 仍然屹立不搖，關鍵因素在於「生產自動化」、「品牌溢價」，中國電動車與 TESLA 根本就不是同一個賽道上的競爭對手。

TESLA 的挑戰者不乏世界各大車廠，但沒有一個對手能夠全方位布局，TESLA 的產業垂直整合效益成為完美的護城河。

📖 Tesla：跨產業整合

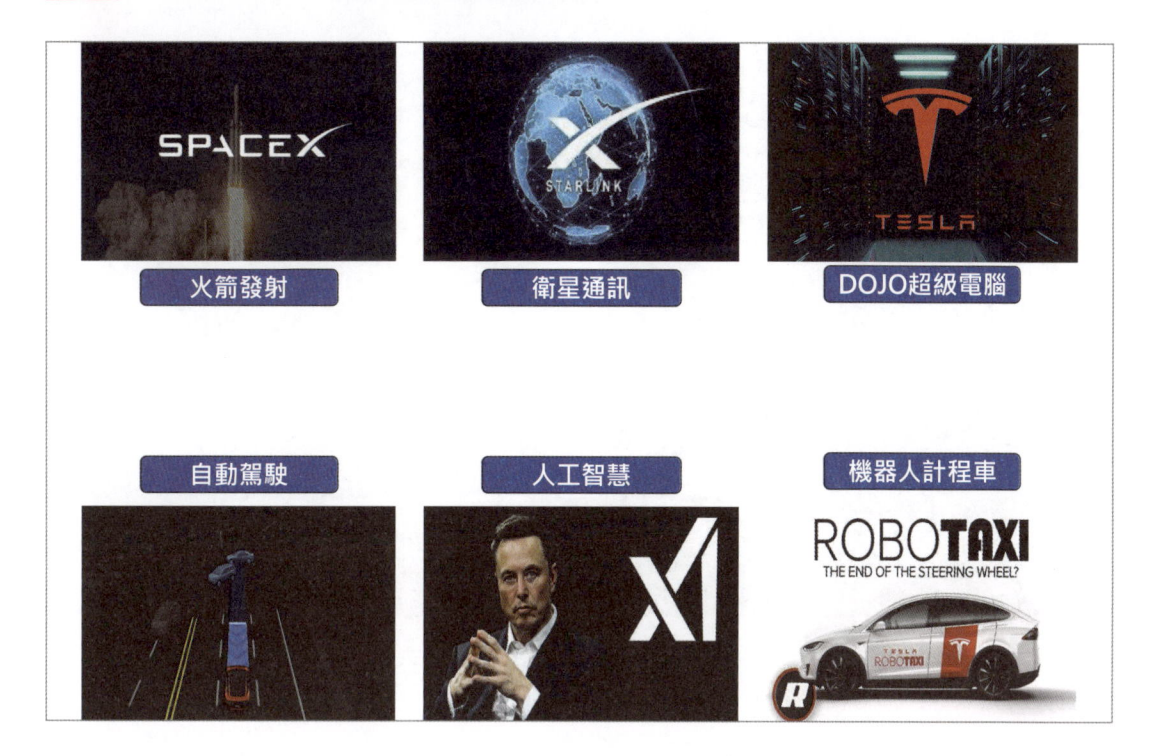

火箭發射	衛星通訊	DOJO超級電腦
自動駕駛	人工智慧	機器人計程車

電動車不是新技術，電動車的 3 電技術更是成熟產業，而今天的 TESLA 享有極高的市場價值在於「智能」，說白話文就是「無人自動駕駛」，一旦成功，人類「出行」的產業將被完全顛覆，要做到無人駕駛，TESLA 帝國必須跨越以下多個產業：

- StarLink：提供精準、即時衛星定位。
- Space X：火箭發射公司，將數以萬計的衛星布局到外太空。
- x AI：人工智慧公司，以高超的演算法支援無人駕駛技術。
- DOJO：超級電腦，以高速運算能力支援 AI 人工智慧。
- ROBO TAXI：以無人駕駛車落實商業運行。

這就是跨產業的水平整合，目前市場上沒有任何一個對手，具備如此全方位的研發、整合能力，一切的研發都在「燒錢」，馬斯克最大的能力是「商業化」，長期研發的同時可以將成果落實為賺錢商品，例如：Space X 目前是全球規模最大的火箭發射公司，發射成本只有競爭對手的 30%，因此有能力提供源源不斷的研發資金，更因為「夢想」，TESLA 吸引了全球菁英共同逐夢。

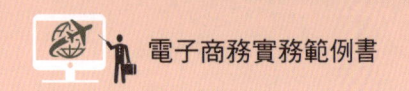

黃仁勳：第四次工業革命

生成式人工智慧

早期的人工智慧發展侷限於「分辨式」AI，對於產業界並未產生實質性的重大貢獻，因為所有資料都必須經過人為「標記」，才能產推演出新的結果，而人為「標記」必須耗費大量時間、經費，因此一直以來分辨式 AI 就停留於研究用途。

2022 年底 OpenAI 發表 ChatGPT，不到一週突破百萬用戶，「AI」佔據所有新聞版面，立刻成為當代顯學，ChatGPT 是「生成」式 AI，「生成」的白話文就是：「透過學習就可以：無中生有、應變、創新」，資料來源不需要人工「標記」，也就是說只要將大量資料提供給 ChatGPT，ChatGPT 就會如同人類小孩一般，不但能夠模仿，還能舉一反三，甚至產生「創新」，對於產業最大的影響就是：「目前許多低階的腦力工作將可由 ChatGPT 替代」，例如：辦公室文員、助理、財務人員、美工人員、……。

「生成」式 AI 需要巨量的算力（高運算能力的電腦），然而大家的熟悉的 CPU 卻不具備這樣的能力，直到 Nvidia 推出 GPU（圖形處理器），並將 GPU 運用於生成式 AI，人工智慧才真正進入到尋常百姓家。

CPU vs. GPU

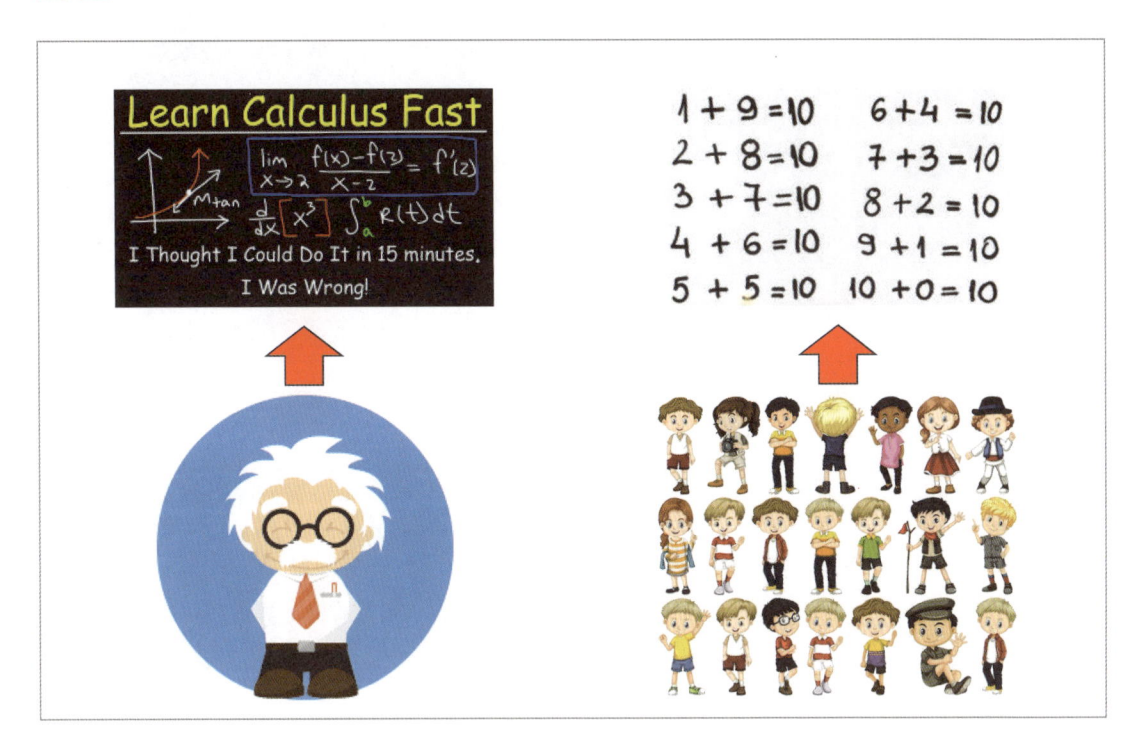

從小的計算機概論課程一定會介紹 CPU（中央處理器），就是計算機的「腦」，所有的資料計算、資料輸出入、邏輯判斷，都由 CPU 統籌處理，CPU 的能力就如同大學中的老教授，18 般武藝樣樣精通，但老教授的體力卻是不堪負荷，無法同時處理大量運算。

GPU 的產生就是為了提高顯示器的效能，它的工作就是將 2D 畫面轉換為 3D 影像，這個工作包含「簡單」、「大量」的運算，這樣的工作當然不適合交由權威的老教授來執行，但是學校內「大批」工讀生卻是最佳選擇，大批工讀生同時作業的情況下生產力驚人，然而生成 AI 的模型訓練恰巧就需要 GPU 的特性，因此在 AI 伺服器上 GPU 取代了 CPU。

Nvidia 的 H100 高效 GPU 推出後，全球科技業巨頭全數投入生成式 AI 的研發，投資金額動輒以數億美金起跳，一套 AI 伺服器叫價數百萬美元，但就算是捧著現金也買不到現貨，Nvidia 公司的市值目前已穩坐全球第一，相反的，昔日的 CPU 霸主 Intel，目前面臨被收購的危機。

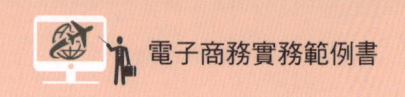

📖 NVIDIA 的護城河

NVIDIA AI PLATFORM

- DGX Systems — NEW with V100 32GB、NEW DGX-2
- Every Cloud — NGC Now on AWS, GCP, AliCloud, Oracle
- NVIDIA GPU Cloud — 30 GPU-Optimized Containers
- NVIDIA AI Inference — NEW TensorRT 4, TensorFlow、Kaldi, ONNX, WinML

超級晶片：H100→GB200

新一代AI晶片架構：Rubin

高速GPU互連技術NVLink

NVIDIA CUDA

新聞的熱點都聚焦於 GPU 晶片，然而真正的幕後英雄卻是 CUDA 作業平台，Nvidia 在 2007 年發表了 CUDA，它讓高階語言（例如：C++、Python、…）可以在 GPU 晶片上執行，因此深得程式設計師的喜愛。

GPU 並不是 Nvidia 新創，但在 Nvidia 將 GPU 炒熱之前，這項技術是被置於冷凍櫃的，Nvidia 將 GPU 導入 Game 遊戲、數位貨幣挖礦，GPU 才真正獲得市場的關注，但這也只是讓 Nvidia 得以立足於產業而已。

電腦需要作業系統（如微軟的 Windows），手機也需要作業系統（如 Android、iOS），有了作業系統處理所有低階工作，程式設計師便可以高階語言輕鬆設計程式，而 CUDA 就是 GPU 的作業系統，開發 CUDA 平台耗費大量的時間、預算、資源，當時投資人、董事會都不支持，因為看不到獲利的商業模式，卻天天在燒錢，所有人都是「摸著石子過河」，公司股價跌至 $1.25，面臨下市的風險，靠著 CEO 黃仁勳的遠見與堅持，CUDA 平台才得以順利問世，如今 CUDA 已成為一個成熟的生態系（就如同 Apple 的 iOS 一般），許多工程師為 CUDA 不斷的開發應用程式，隨著時間的推演，這道護城河也將越來愈難以跨越。

📖 好市多：以客為尊

科技日新月異，世人的眼光也大多聚焦於「科技創新」產業，然而創新並不是科技產業的專利，傳統產業中的佼佼者 Costco，更是產業創新、服務創新的模範生。

大型量販店相當多，但經營模式卻都如出一轍：

- 訴求：「價格」。
- 主力消費族群：就是婆婆媽媽。
- 主力商品：就是居家消耗用品。
- 獲利模式：大量進貨 → 降低進貨成本 → 提高毛利。

這樣的經營模式是人人都可複製的，因此每一家量販店多落入「傳統」，然而 Costco 卻由提高「企業獲利」思維轉變為提高「客戶滿意」，因此成為量販店獲利最佳的企業，商品毛利率最低的企業卻產生最高的獲利，這就是 Costco 的創新商業模式「客戶滿意」。

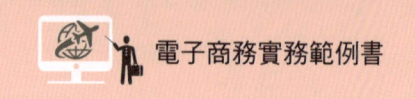

好市多：飛輪理論

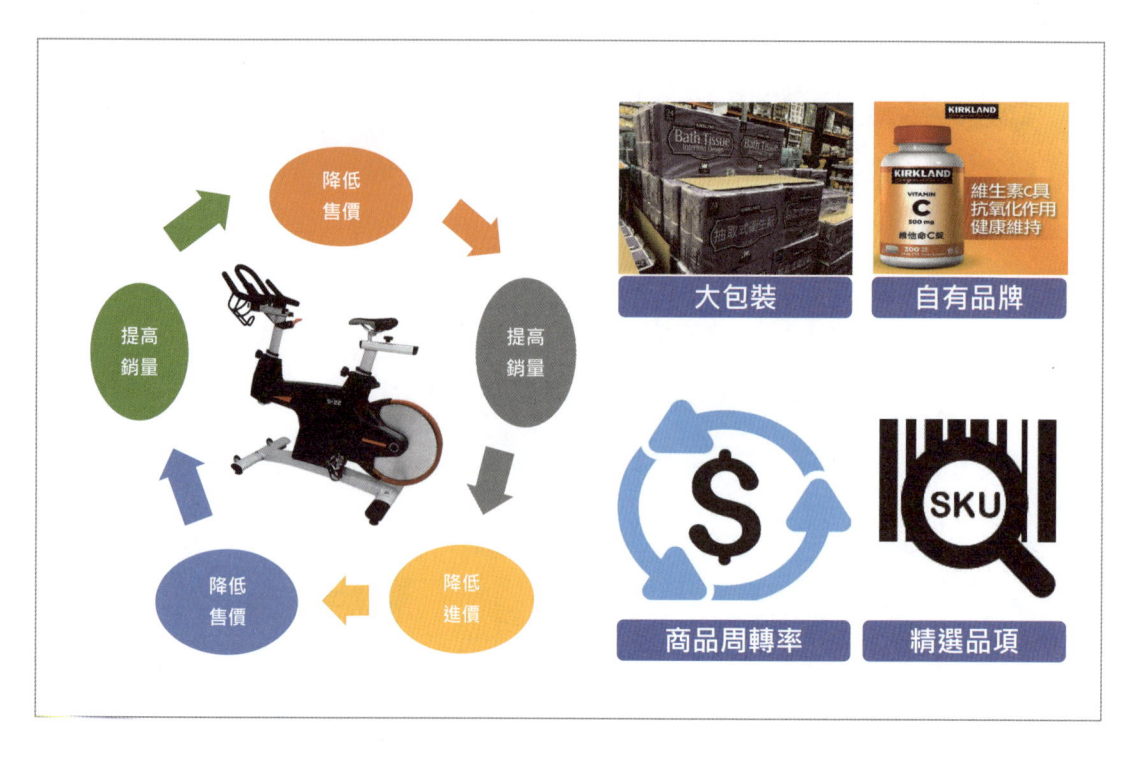

對於「操持家務」的婆婆媽媽而言，「價格」永遠都是致命的吸引力，為了降低商品價格，Costco 採取以下措施：

大包裝： 大包裝總價高就可輕易降低單品售價。

自有品牌： 獲得消費者信任後，Costco 成立自有品牌（kirland），部分熱銷商品委外生產後以自有品牌販售，更進一步掌控商品成本。

周轉率： 價格下降 → 獲利下降是不變的真理，但若是提高商品的周轉率，便可降低經營成本、降低庫存成本，更可近一步降低商品進價。

精選品項： Costco 卻認為「價格」比眼花撩亂的「選擇」更實際，因此 Costco 為顧客進行嚴格把關，只讓「高性價」比的商品進入貨架，單一產品只保留 2～3 個品項，單一品項的銷貨數量便會大幅提高。

Costco 以大量進貨降低進貨成本後，並不是讓商品提高毛利（增加企業獲利），而是再次降低售價（回饋顧客），再次激勵銷貨量，如此永續循環就是著名的「飛輪理論」，剛開始踩飛輪時很吃力，飛輪轉起來後就很難停下來！

好市多：會員制

多數人因為「私心」而將周邊的人區分為「內」、「外」，例如：家人就是內人，摯友也是內人，有好處就想著內人，想占便宜就想著「外人」，那客戶究竟是「內人」還是「外人」呢？多數企業標榜「客戶至上」，實則還是希望由客戶身上獲取好處，而 Costco 卻是發自內心「為客戶謀求最大福利」，而在客戶信任的基礎上獲取其他營利，具體策略如下：

會員制： Costco 是一個會員制的量販店，會員必須繳交「年費」，但每一筆購物金都可獲得返點，平均估算下來，每一個家庭會員的購物返點都超過「年費」，因此年費實質上就是 0。

物超所值：Costco 透過大額的進貨量壓低進貨成本，卻堅持低毛利（7%），而將低價進貨的利潤回饋給顧客。

退貨政策：無理由退貨，商品用光了一樣可以退貨，用了 20 年一樣可以退貨，而且退貨手續簡便，因此顧客在購買時不需要仔細思考，當下喜歡就買。

將顧客視為家人（內人）就是 Costco 與眾不同的創新！

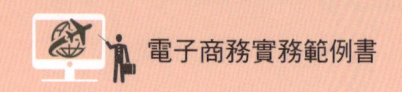

好市多：好貼心

歐美人士的家庭採購習慣：每週一次，家裡冰箱大、儲藏室大，因此經常都是全家出動，更有人將 Costco 當成週末逛街節目，既然是全家出遊採購，經常就會遇到午餐、晚餐時間，Costco 提供的簡餐物美價廉，幾十年來都以服務客戶為宗旨，讓客戶可以安心購物。

用餐區提供的調味料、酸菜、洋蔥都是自行取用（毫無限制），有些顧客貪小便宜便以塑膠袋打包帶回家，因此服務人員便得經常補充，當然也會引發一些小小的客訴，但 Costco 依然秉持服務顧客的初心，並未對用餐區的服務加以限制，筆者認為就是「服務的本心」，若因為少數人脫序行為而採取限制措施，對於多數守規則的顧客便是產生極大的不便利，這是以「管理」為本位的措施，是最簡單卻粗暴的作為。

同樣的道理也可套用在 Costco 的退貨策略上，若為了少數極端奧客，而對多數客戶實施「有條件」退貨方案，將大幅降低顧客的採購意願，然而多數的企業都以自身的利益出發進行決策，而 Costco 卻是由顧客的滿意度為最高的決策依據。

習題

( ) 1. 以下哪一個項目，是美國能夠站在產業鏈頂端的主要原因？
    (A) 設計　　　　　　　　　(B) 創新
    (C) 生產　　　　　　　　　(D) 複製

( ) 2. 以下哪一個項目，無法用以建構企業競爭的有效護城河？
    (A) 跨產業　　　　　　　　(B) 資本密集
    (C) 百年歷史　　　　　　　(D) 技術密集

( ) 3. 以下哪一個項目，代表 Apple 電腦的企業文化？
    (A) Just do it !　　　　　　(B) You can do it !
    (C) We are family !　　　　(D) Think Different !

( ) 4. 以下哪一個項目，是蘋果電腦的第一個產品？
    (A) Apple II　　　　　　　 (B) iPhone
    (C) Macintosh　　　　　　 (D) iPad

( ) 5. 以下哪一個項目，對於蘋果家族產品的敘述不是正確的？
    (A) 線上支付系統 Apple Pay　(B) 作業系統 Apple-OS
    (C) App 發行系統 App Store　(D) 雲端服務系統 iCloud

( ) 6. 以下哪一個項目，是 TESLA 創辦人馬斯克的夢想？
    (A) 成為世界首富　　　　　(B) 成為偉大企業家
    (C) 帶領人類移民火星　　　(D) 成為太空人

( ) 7. 以下哪一個項目，不是純動車的核心 3 電技術？
    (A) 電機　　　　　　　　　(B) 電控
    (C) 電池　　　　　　　　　(D) 電眼

( ) 8. 以下哪一個項目，是 TESLA 研發的超級電腦？
    (A) DOJO　　　　　　　　 (B) SILVER
    (C) DEEP BLUE　　　　　　(D) Fugaku

( ) 9. 以下哪一個項目，被稱為第四次工業革命？
    (A) 分辨式 AI　　　　　　　(B) 生成式 AI
    (C) 智慧式 AI　　　　　　　(D) 黃式 AI

（　　）10. 以下哪一個項目，對於 GPU 的敘述不是正確的？
　　　　(A) 高效圖形處理晶片　　　　(B) 適合大量簡單運算
　　　　(C) G：Genius　　　　　　　(D) P：Processing

（　　）11. 以下哪一個項目，是 Nvidia 的強大護城河？
　　　　(A) 超級晶片　　　　　　　　(B) AI 伺服器
　　　　(C) ChatGPT　　　　　　　　(D) CUDA 平台

（　　）12. 以下哪一個項目，是 Costco 的核心企業文化？
　　　　(A) 客戶滿意　　　　　　　　(B) 企業獲利
　　　　(C) 科技創新　　　　　　　　(D) 幸福企業

（　　）13. 以下哪一個項目，對於 Costco 商品的敘述不是正確的？
　　　　(A) 低毛利　　　　　　　　　(B) 多品項
　　　　(C) 高周轉率　　　　　　　　(D) 大包裝

（　　）14. 以下哪一個項目，對於 Costco 經營模式的敘述不是正確的？
　　　　(A) 會員制　　　　　　　　　(B) 必須繳交年費
　　　　(C) 享有無條件退貨期限 3 年　(D) 實質年費幾乎為 0

（　　）15. 以下哪一個項目，對於 Costco 用餐區的敘述不是正確的？
　　　　(A) 物美價廉　　　　　　　　(B) 以服務為宗旨
　　　　(C) 會有奧客脫序行為　　　　(D) 避免浪費調味料限量供應

CHAPTER 13

客戶關係管理

在實體商務中，顧客與商店服務人員有直接的接觸，商店中的服務人員異動率不高，顧客也大多是社區居民，因此商店與客戶之間的關係是緊密的，資深店員…、店長、老闆娘看到顧客走進商店，便可直接以「張太太」、「李先生」打招呼，某些商店更成為社區資訊流通中心。

進入電子商務時代後，市場產生了以下的變化：

- 網路上的顧客來自全球，消費者的屬性、偏好差異極大。
- 顧客與商店不再有「人際」接觸，傳統人脈失去功用。
- 網頁、手機 APP 成為企業與客戶交流的介面。

失去「人際」接觸後，會員資料、網頁瀏覽紀錄、消費紀錄成為建立「網際」關係的來源，所有資料進入雲端資料庫，藉由 AI（人工智慧）進行客戶關係管理，CRM（Customer Relation Management 客戶關係管理）系統成為各大企業的核心資訊系統，透過 CRM 系統每一個顧客都可得到貼心的照顧，每一份 DM 也都是根據消費者個人消費喜好量身訂製。

📖 APP：企業入口

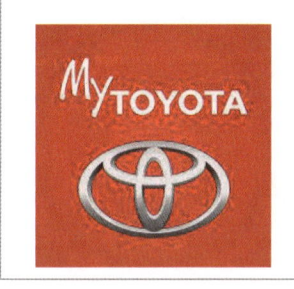

當消費者的購物行為由實體店轉入網路商店後，企業與顧客「人際」接觸消失了，客戶是誰？客戶由哪裡來的？客戶的喜好？客戶的消費習慣？這些都是企業商務運營規劃所需要的基本資訊。

當所有消費者人手一機滿街走時，所有企業快速投入企業 APP 的開發與推廣，企圖重新建立與顧客的「連結」，企業 APP 與顧客的連結相較於人際接觸來得積極、有效率，更提供整合型服務，其中最值得一提的是「虛實整合」。

以 7-11 企業 APP：OpenPoint 為例：

- ⊙ 手機掃描扣款，累積點數。
- ⊙ 發票直接儲存帳戶，每一期自動兌獎，系統自動發送中獎通知。
- ⊙ 新品、新服務、新優惠訊息直接推送到手機上。
- ⊙ 消費紀錄清清楚楚，方便消費者帳務處理，更是企業蒐集消費者各項訊息的主要管道。
- ⊙ 網路下單 → 實體店取貨，實體店訂購 → 配送到家，建構「全通路」的友善購物環境。

集團行銷

跨產業集團的競爭劣勢在於規模龐大，對市場的反應不夠迅捷，但也由於規模龐大，因此資源豐沛，集團內所有企業都可共享資源、分攤費用，因此大集團應對景氣波動的能力遠超過小企業。

集團企業內各個子企業分享資源的前提是「整合」，以上圖為例，統一集團下各個子企業幾乎包辦：食、衣、住、行、育、樂、醫藥產業，7-11 只是統一集團下一個子企業，透過統一集團的整合，所有子企業可以達到以下資源共享：

顧客共享：透過 APP 所有兄弟企業的活動商情，可輕易的在集團內各企業 APP 傳送，消費者的積點可以在集團內所有企業使用，更進一步促成顧客共享。

資訊共享：每一個單一產業對於經濟景氣的影響有時間差，跨產業集團藉由資訊整合，取得「春江水暖鴨先知」的經濟景氣變化的預判資訊。

人員共享：企業的發展首重人才培育，整合的集團企業下，有效率的人事交流給予員工通暢的晉升管道，更給予外界績優企業的形象，更是吸引優質人才的誘因。

📖 精準行銷

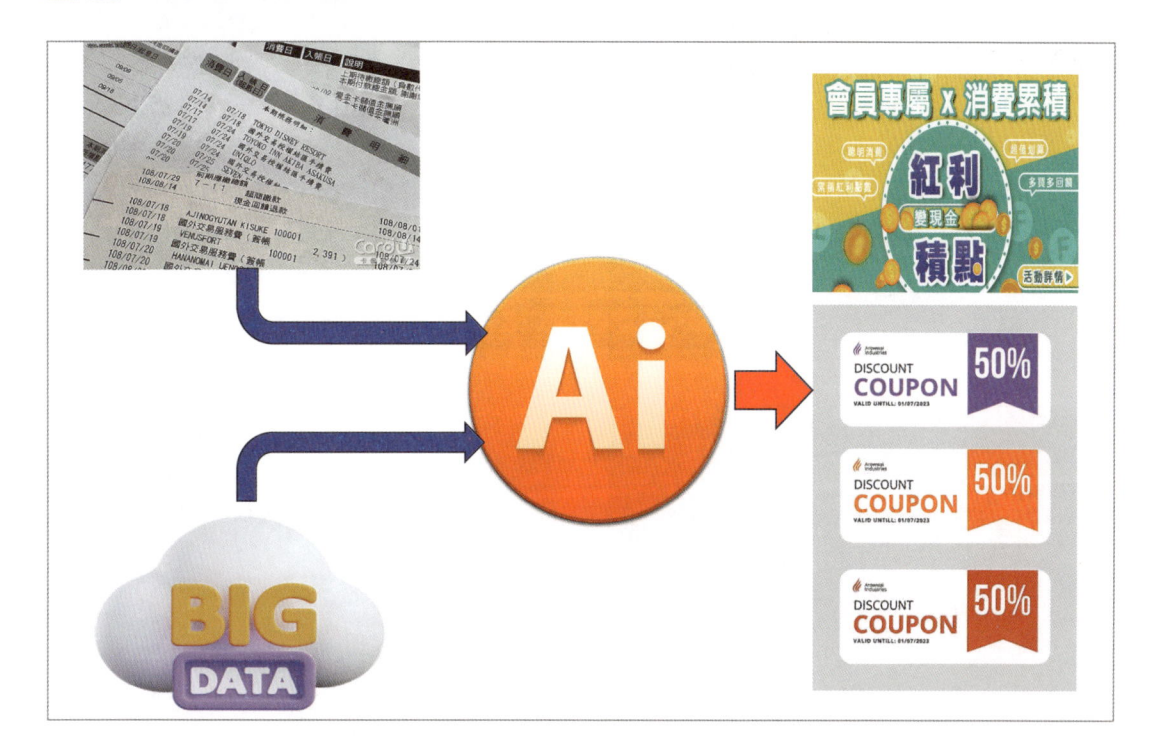

商品賣給誰？那些地區銷售最為火熱？那些商品最暢銷？哪一個時段交易最多？哪一類商品周轉率最高？那一個價位的商品最好賣？最近哪一種商品銷量激增？…，這就是商業經營的 10 萬問號「？」。

答案就來自於龐大的交易資料，資料量越大、資料來源越多元，以上的問題就可得到越「精準」的答案，因此所有企業在邁入電子商務時代後無不卯足全力發展數位資訊系統，而跨產業大集團更是藉由企業規模，建立起集團資訊整合的超強競爭力。

早期對於交易資訊的分析著重於「資料統計」，以就是將已知的事情「量化」，後來發展出「資料探勘」，也就是在「巨量資料」中，發現未知的交易情境、關聯，進而開發出新服務，而目前 AI 時代，便著重於預判，舉例如下：

- 各地區商品銷售的「預判」，大型物流中心的商品，提前移轉至區域物流中心，因此大幅降低客戶下單等待時間，大幅提高客戶滿意度。
- 各別消費者的喜好「預判」，消費者接收的商品推介資料是有效的、即時的，大幅提高成交比例。

好友推薦

商業界的二八定律:「企業 80% 的利潤是由 20% 的舊客戶所貢獻」:

舊客戶之所以沒有離開,最主要的原因當然是「滿意度」,當顧客對於企業的服務、商品感到滿意時,客戶關係管理的成本自然是偏低的,然而對於新客戶而言,所有的感受、信任都必須由 0 開始,因此新客戶開發成本極高。

由高滿意度的舊客戶為企業、商品作推薦是最有說服力的,因為親身的感受最能打動人心,如果是舊客戶將消費經驗推薦給周邊的親朋好友更能產生「奇效」,大約 10 年前某家電信公司便打出一則熱門廣告:「樓上揪樓下、阿母揪阿爸、…」,就是希望就由舊客戶發起團購的行銷活動。

在人手一機的資訊時代,轉傳資料就是「一鍵」的功夫,上圖就是目前市場上熱門的行銷方案,以優厚的條件鼓勵舊客戶協助將親朋好友發展為新客戶,由舊客戶所開發出來的新客戶,還會生產生進一步的商品、服務體驗交流,更有助於讓新客戶轉變為舊客戶,甚至於成為一個「群體」,許多企業所支持的「俱樂部」就是這樣成立的。

📖 線上服務一條龍

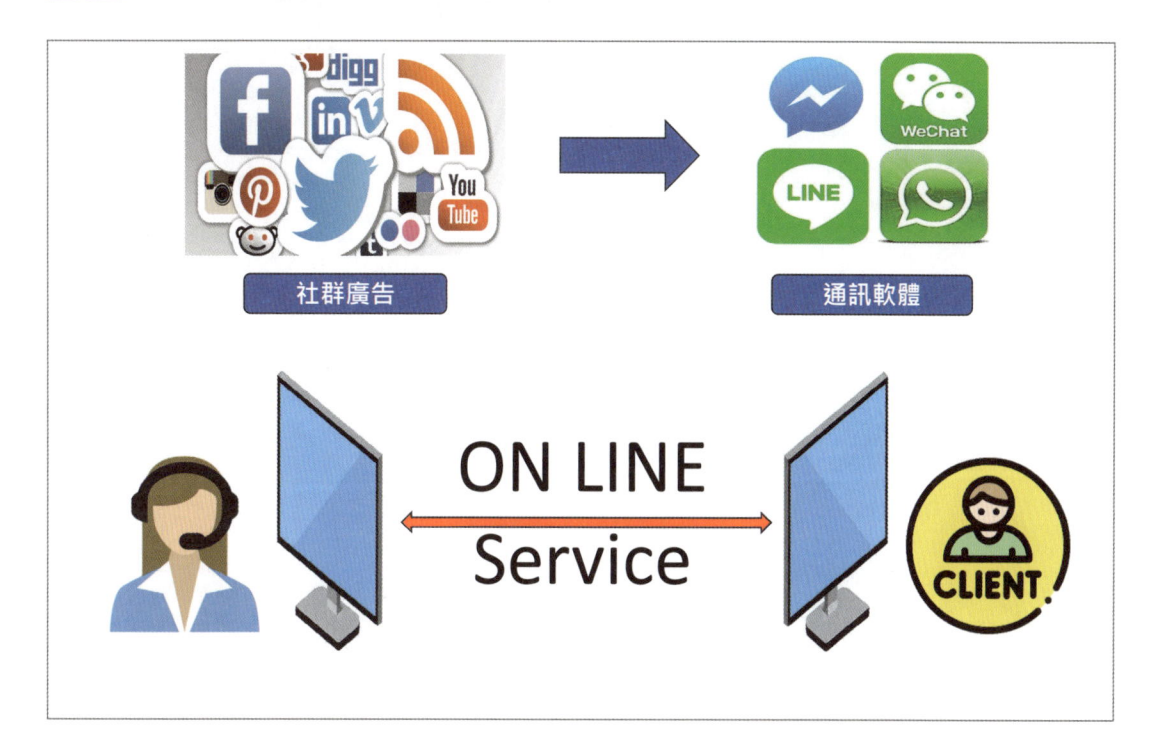

筆者近 2 年 4 次前往泰國 Pattaya（芭達雅）、Hua Hin（華欣）打球，體驗如下：

第 1 次： 在 FB 上看到小旅行社的 Pattaya 高爾夫球團廣告，因此就網路報名、付費，心中小小擔心（錢財小事、丟臉大事），會不會是網路詐騙…。

第 2 次： 又在 FB 上看到同一家旅行社 Hua Hin 高爾夫球團廣告，由於上一次的體驗不錯，因此又報名參加了（舊客戶的信賴）。

第 3 次： 在 FB 上又看到上一次去 Hua Hin 住宿飯店所刊登的高爾夫球專案廣告，很顯然的我在 FB 上的瀏覽紀錄被 FB 賣給相關業者了，因此我才會常收到高爾夫球的相關訊息，基於上一次優良住宿經驗我又報名了，透過 WhatsApp，飯店服務人員與我商定球場、日期、機場球場接送事宜（專業服務），只需要我預先線上付費 1/3（付款機制），我對於詐騙的疑慮打消 90%。

第 4 次： 女兒與同事由美國回台灣參加電腦展，由我安排前往 Pattaya 打球，我直接在第 1 次 Pattaya 住宿飯店的官網上訂房，接著由 Google 搜尋「泰國打球」，出現了一堆專業辦理高爾夫球的旅行社，透過 Line、E-mail 安排球場行程、機場接送、球場接送，這趟行程所有安排全部在網路上完成，藉由網路科技，我由傳統的團客轉變為快樂的線上客。

全球化多語系服務

台灣在地旅遊雖然有政府各項補助的加持,但一到連休假期國人還是不斷往外國飛,年紀大一點的參加旅行團,所有行程有導遊的協助,因此語言不成問題,年輕人目前教育程度偏高,即使外語能力不佳,使用科技產品的能力卻是一流的,透過手機、專業的語言翻譯器,出國觀光旅遊語言也不再是問題。

我去泰國旅遊,我不會說泰文,除了專業人士之外,多數泰國人也不會說中文、英文,送我去機場的司機小哥一句英文也不懂,但他拿出手機「雞哩瓜拉」講了一段泰文然後將手機交給我,翻譯為英文,我看懂了,前往當地的商場美食街,所有餐點都有圖片,因此用餐根本不需要語言,用手比即可,使用 E-mail 與飯店接洽時,書信內容使用的是商業英文,因此筆者還是在 Google 上查了一下。

泰國在科技產業上的發展遠遠落後於台灣,但泰國旅遊的友善程度卻大幅超越台灣,台灣的平均教育水平並不低,但語言應用能力卻極差,一般店家借助科技產品協助語言溝通的應用更是少見,不過也有例外:

台北市廣州街周記肉粥,70 幾歲的老闆操著台灣腔,對著門外茫然的外國旅客說:「You two people , wait here , order first」,然後遞給外國旅客一張附有圖片的菜單,真正的生意人不會有語言問題的!

📖 掌握客戶個資

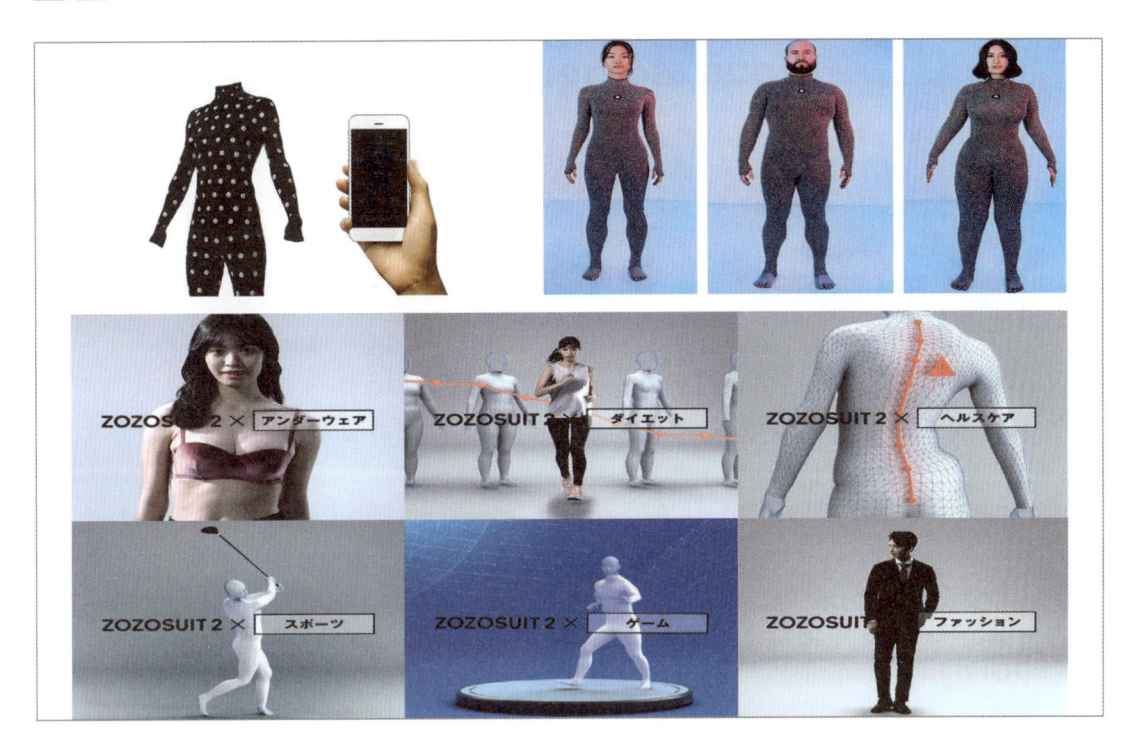

消費者百百種、商品千萬種，什麼商品適合什麼客人？哪一個客人需要什麼商品？什麼樣的商品價位適合哪些客人？如果這些問題都沒摸清楚，寄出去的 DM 就是一張廢紙、就是對客戶的騷擾，多數企業就是抱著亂槍打鳥的心態處理客戶關係，結果就是：遇到垃圾郵件就殺，遇到陌生電話就不接，不小心接了電話就馬上掛掉，這就是負面行銷！

在筆者上面的泰國旅遊案例中，因為我在 Google 上進行了「高爾夫」關鍵字搜尋，表示我近期內有高爾夫相關的需求，這時候我收到高爾夫旅遊相關資訊、廣告都是愉悅的，這才是滿足消費需求的業務推廣，然而若能進一步掌握我的經濟情況、消費習慣，那麼推薦的商品就會更精準。

上圖案例是一家服飾公司免費贈送給顧客的電子衣，穿上後連結手機 APP 便可量測身體各部位的尺寸，顧客下單時就不會有尺寸不符而退貨的情形發生，零碼商品清庫存時，更可精準地選出適當客戶，這家公司更進一步將電子衣推廣至各個產業，內衣業：完全客製化內衣，運動產業：協助運動員校正姿勢。

唯有掌握客戶個資，才能進行精準行銷！

免費的午餐

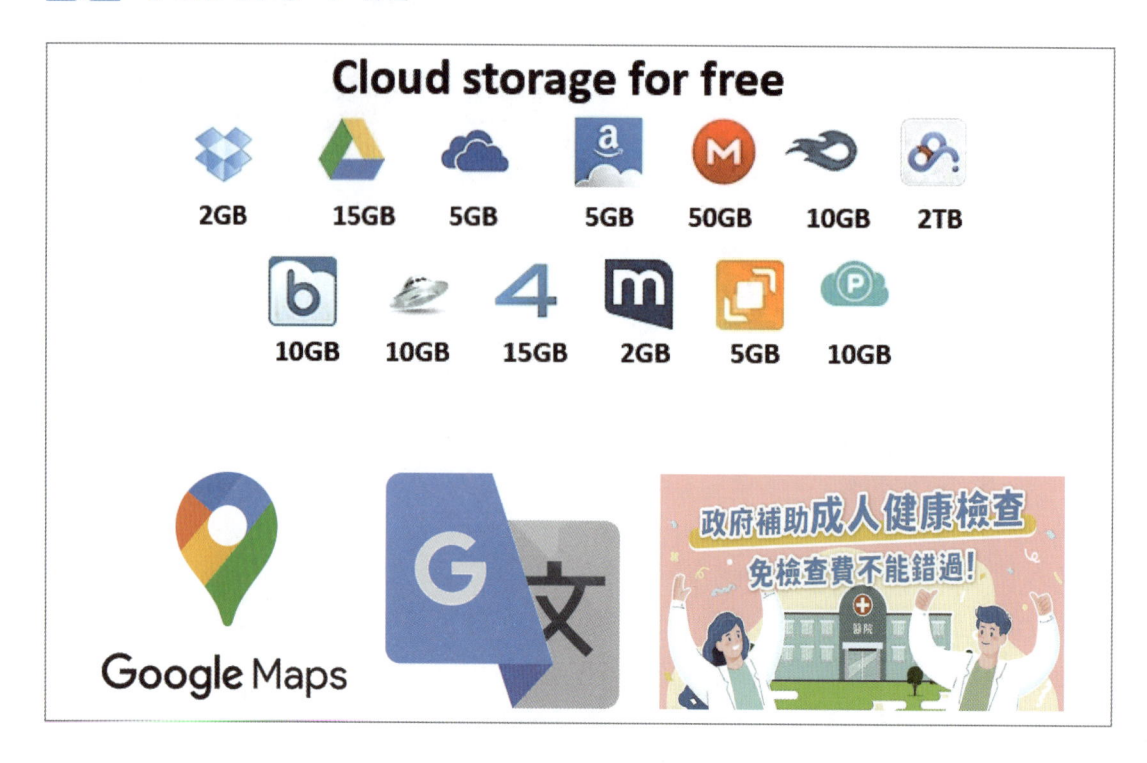

如何取得客戶個資呢？所有人的個資基本上都是應受保護的！政府也應制定相關法規禁止個資洩漏。

目前蒐集客戶個資最常用的方法便是「免費的午餐」，以筆者而言，天天使用 Google 的服務：Google Maps 汽車導航、Google Chrome 資料搜尋、Google Cloud 雲端儲存空間，但從來不用付費，幾十年了，Google 不但沒有倒閉而且成為全球獲利最佳的企業之一，因為 Google 找到願意為消費者服務埋單的金主。

- 申請 Google 帳號時，所有申請者就必須填寫個人基本資料。
- 上 Google 使用各項網路資源時，你的所有動作都被記錄下來：
  - 造訪過哪些網址
  - 每一個網頁停留多久
  - 查過什麼關鍵字

這一切都是你的個資，具有商業價值的個資，各位讀者認為一份關鍵字查詢「美白」的 20,000 名單值多少錢？SK II 會有多高的購買意願？

📖 企業聯名

經濟發達國家使用信用卡的比例相當高,目前在台灣連毛利極低的量販店都可使用信用卡,也代表著台灣的商業環境相當成熟!

信用卡記載著消費者的「金流」,更記載著消費者的消費紀錄、消費習慣,這樣的資訊遠比網路瀏覽紀錄珍貴多了,而發卡銀行就掌握這樣的資訊,因此許多企業找到銀行共同發行聯名卡,就是為了取得消費者個資,以便進行精準行銷。

當企業具有相當規模後,就一定會思考自己掌握金流、掌握客戶個資,請讀者檢視國內各大集團,只要有涉及零售業務的,集團內一定有一家銀行,從前是為了「資金」運用方便,而現在則是為了掌握客戶消費個資。

在台灣普及率最高的社群軟體 Line 上市了,然而它並不是一家軟體公司,藉由 Line Pay 它成為一家金融公司,擁有大量的消費紀錄,它更成為一家極具競爭優勢的廣告公司。

習題

(　　) 1. 以下哪一個項目，是客戶關係管理的英為簡寫？
   (A) CRM   (B) MPS
   (C) SCM   (D) HRM

(　　) 2. 當消費者的購物行為由實體店轉入網路商店後，以下哪一個項目成為企業與消費者接觸的主要介面？
   (A) 企業網站   (B) 企業 APP
   (C) 電子郵件   (D) 企業簡訊

(　　) 3. 以下哪一個項目，對於「跨產業集團」的敘述不是正確的？
   (A) 顧客共享   (B) 人員共享
   (C) 景氣波動的承受力較差   (D) 資訊共享

(　　) 4. AI 時代下，企業資訊系統的功能著重於以下哪一個項目？
   (A) 統計   (B) 分析
   (C) 歸納   (D) 預判

(　　) 5. 以下哪一個項目，是最有效的產品行銷？
   (A) 舊客戶推薦   (B) 明星代言
   (C) 網紅代言   (D) 公益廣告

(　　) 6. 以下哪一個項目，是消費者經常收到某一類廣告的主因？
   (A) AI 推薦名單   (B) 網路搜索
   (C) 個資外洩   (D) 親友推薦

(　　) 7. 以下哪一個項目，是推展國際旅遊最有效的方法？
   (A) 好山好水   (B) 都市文明
   (C) 友善的服務   (D) 政府補助

(　　) 8. 以下哪一個項目，對於「電子衣案例」的敘述不是正確的？
   (A) 電子衣是免費的   (B) 用以收集顧客身體各部位資訊
   (C) 減少尺寸不符的退換貨   (D) 只適用於服飾業

(　　) 9. 以下哪一個項目，是 Google 主要收入來源？
　　　　(A) 廣告　　　　　　　　　(B) 販賣商品
　　　　(C) 提供服務　　　　　　　(D) 雲端服務

(　　) 10. 目前大型集團企業下都會有一家金融機構(銀行)，其主要目的為何？
　　　　(A) 資金調度方便　　　　　(B) 掌握客戶金流
　　　　(C) 整合企業金流　　　　　(D) 金融業獲利穩定

APPENDIX

A

習題解答

Chapter 1　Amazon

1. A　2. B　3. C　4. D　5. A　6. B
7. C　8. D　9. A　10. B　11. C　12. D
13. A　14. B　15. C　16. D　17. A　18. B

Chapter 2　科技改變生活

1. C　2. D　3. A　4. B　5. C　6. D
7. A　8. B　9. C　10. D　11. A　12. B
13. C

Chapter 3　電商崛起

1. D　2. A　3. B　4. C　5. D　6. A
7. B　8. C　9. D　10. A　11. B　12. C
13. D　14. A

Chapter 4　倉儲與物流

1. B　2. C　3. D　4. A　5. B　6. C
7. D　8. A　9. B　10. C　11. D　12. A
13. B　14. C　15. D　16. A　17. B　18. C
19. D　20. A　21. B

Chapter 5　電子支付

1. C　2. D　3. A　4. B　5. C　6. D
7. A　8. B　9. C　10. D　11. A

Chapter 6　虛實整合

1. B　2. C　3. D　4. A　5. B　6. C
7. D　8. A　9. B　10. C　11. D　12. A
13. B　14. C　15. D　16. A

Chapter 7　社群經營

1. B　2. C　3. D　4. A　5. B　6. C
7. D　8. A　9. B　10. C　11. D　12. A
13. B　14. C　15. D　16. A　17. B　18. C

Chapter 8　物聯網應用

1. D　2. A　3. B　4. C　5. D　6. A
7. B　8. C　9. D　10. A　11. B　12. C
13. D　14. A　15. B　16. C　17. D　18. A
19. B　20. C

Chapter 9　通路轉移

1. D　2. A　3. B　4. C　5. D　6. A
7. C　8. D

Chapter 10　分享經濟

1. A　2. B　3. C　4. D　5. A　6. B
7. C　8. D　9. A　10. B　11. C

233

Chapter 11　大數據、人工智慧

1. D　2. A　3. B　4. C　5. D　6. A
7. B　8. C　9. D　10. A　11. B　12. C
13. D　14. A　15. B　16. C　17. D　18. A
19. B　20. C　21. D　22. A

Chapter 12　創新企業

1. B　2. C　3. D　4. A　5. B　6. C
7. D　8. A　9. B　10. C　11. D　12. A
13. B　14. C　15. D

Chapter 13　客戶關係管理

1. A　2. B　3. C　4. D　5. A　6. B
7. C　8. D　9. A　10. B

電子商務實務範例書

作　　者：林文恭
企劃編輯：郭季柔
文字編輯：王雅雯
設計裝幀：張寶莉
發 行 人：廖文良

發 行 所：碁峰資訊股份有限公司
地　　址：台北市南港區三重路 66 號 7 樓之 6
電　　話：(02)2788-2408
傳　　真：(02)8192-4433
網　　站：www.gotop.com.tw
書　　號：AER061400
版　　次：2025 年 04 月初版
建議售價：NT$400

國家圖書館出版品預行編目資料

電子商務實務範例書 / 林文恭著. -- 初版.-- 臺北市：碁峰資訊,
　2025.04
　　面；　公分
　ISBN 978-626-425-017-7(平裝)
　1.CST：電子商務
490.29　　　　　　　　　　　　　　114001568

商標聲明：本書所引用之國內外公司各商標、商品名稱、網站畫面，其權利分屬合法註冊公司所有，絕無侵權之意，特此聲明。

版權聲明：本著作物內容僅授權合法持有本書之讀者學習所用，非經本書作者或碁峰資訊股份有限公司正式授權，不得以任何形式複製、抄襲、轉載或透過網路散佈其內容。
版權所有‧翻印必究

本書是根據寫作當時的資料撰寫而成，日後若因資料更新導致與書籍內容有所差異，敬請見諒。 若是軟、硬體問題，請您直接與軟、硬體廠商聯絡。